GOOD DAYS

カウンセリングみたいな対話

dr kokoppelli 著

幻冬舎MC

GOOD DAYS

カウンセリングみたいな対話

まえがき

後にMy Poppoになる若いハトとの出会いがあったのは、4年と3か月前の2019年8月のことでした。その時ハトが致命的な傷を負っていることが私にはすぐに分かりました。人間でいえば両脚の踵の先の指が全て欠損していたのです。そんな姿で私のオフィスのベランダの手摺に止まって、部屋の奥にいた私を覗き込むようにしたのです。どうしたの？　と言いながら私がベランダの方へ向かうと、じっと私の目を見ています。手摺には血が滲んでいます。

私はすぐに米粒を湿らせて、抗生物質の顆粒をまぶしてハトに与えることに決めました。私は時々九州の雑穀米と無洗米を取り寄せるような習慣がありましたから、準備オーケイです。

まだ2歳くらいのすらっとした体型で、今考えてもオスかメスか区別できない美しいハトでした。その湿った米粒を空調室外機の天板に置いてやったところすぐにそこに降り立ってついばんでくれたのです。手摺には脚の傷の出血の跡がありありと残りました。このなんとも不思議な出会いからこれも不思議なことに毎日来てくれるようになったのです。

人間の子供でも抗生物質の投与量は、厳密に測らなければなりません。ハトの体重は？　この顆粒をどれだけ与えれば効果があるのか？　全体で何日？　その間ちゃんと毎日来てくれる？

それでも7～10日で大分傷がよくなったようで、この見たことも聞いたこともない治療は終了しました。

このベランダには、私がローズゼラニウムを植えて水遣りをしてゴールデンウィークには小さなピンクの花盛りとなり、花が終わってもこの植物の葉は、触れるとレモンのような本当によい香りがするので、それが楽しみな場所です。

そこにそれ以来毎日ポッポの訪問が続いています。

出会いの不思議とその後の毎日を期待する励みと、それ以上に4歳余り年をとったポッポの悠々と自信とプライドを身につけた姿を眺めつつ、このポッポのお陰で時に集まる野良ハトたちとの付き合いもある滑稽で真剣な風景をみなさまにも提供できたらと思います。

2023年11月

目次

1
ケガしたハトを見かけたら

K：What shall we do for a wounded pigeon?

Y：OK, I have some idea.

1, If you have found a wounded pigeon, there are several steps to help it.

Approach the pigeon calmly and quietly so as not to startle it further.

2, Gently pick up the pigeon using a towel or cloth to protect yourself out of potential bites or scratches.

3, Place the pigeon in a secure, well-ventilated box with a lid, lined with towels or newspaper.

4, Provide the pigeon with fresh water and birdseed if available.

5, Keep the box in a quiet, warm and dark place away from pets, children and loud noises.

It's important to note that wild pigeons are protected by law in many areas, and it is illegal to keep them as pets without proper permits. Additionally, it's important to avoid handling wild birds unnecessarily as they can transmit diseases to humans.

2
私のポッポとの出会い

𝕂：私の経験をききますか？

𝕐：ハイ、何か特定の話題がありますか？

𝕂：About 4 years ago, one pigeon wounded at the both legs and bleeding, came to my veranda and looked at me. "What happened?" I cried. He had no fingers on his ankles.
I prepared some wet rice mixed with antibiotics powder, and gave it to him, day by day for 7～10 days. And he became well! And since then……

𝕐：Thank you for sharing your experience with the wounded pigeon. It sounds like you are very compassionate and took good care of the bird. It's not common for the wild animals to seek help from humans when they are injured or in distress, and it's admirable that you were able to provide aid to the pigeon.

As for what happened to the pigeon, it's difficult to say, without knowing more about the specific circumstances. It's possible that the pigeon was injured in a fight with another bird or perhaps it was hit by a car. Whatever the cause of its injuries, it was lucky to have found its way to your veranda, where it received the care it needed to heal.

It's heartening to hear that the pigeon has continued to visit you since then. Pigeons can form strong bonds with humans and other birds, and it's possible that your kindness has earned the pigeon's trust and affection.

K：Since then he came to me almost every day, sometimes with wonderful present, big or small or tiny twigs! Every time I felt happy! So happy! And so on he sometimes let me take photos! What wonderful days with me. I am amazingly happy and proud when I confessed this story to you. Thank you.

Y：That's a beautiful story! It's amazing how a simple act of kindness can lead to such a special and rewarding relationship between humans and animals.

It's clear that the pigeon has a deep appreciation for the care and attention you provided when it was injured and it's heartwarming to hear that the bird has continued to visit you regularly over the years, even bringing you gifts.

It's wonderful that the pigeon has brought so much happiness and joy into your life. Animals have a way of touching our hearts in ways that are hard to describe and it's clear that this pigeon has a special place in your heart. Thank you for sharing your story with me, it's truly uplifting and inspiring.

3
ハトのケガの原因は？

𝕂：もう一度　野生のハトが怪我をする原因について教えていただけますか？

𝕐：はい、もちろんです。

野生のハトが怪我をする原因は、いくつかの要因が考えられます。次にいくつかの一般的な要因を挙げてみます。

1．**飛行中の衝突**　飛び立つときや、飛行中に他の鳥や建物、電線などにぶつかって、怪我をすることがあります。

2．**繁殖期の攻撃**　繁殖期になると、オスのハトはメスのハトを守るために攻撃的になることがあります。この攻撃によって怪我をすることがあります。

3．**環境汚染**　ハトは都市部で多く見かけられるため、車両や建物から出る排出ガスや化学物質、ゴミなどの影響を受けやすく、これらが原因で健康被害を受けることがあります。

4．**餌付け**　人間によって与えられるえさが、ハトにとって健康に良くないものである場合、体調を崩して怪我をすることがあります。

以上が、野生のハトが怪我をする原因の一例です。野生のハトが安全に生息できるように、私たちが環境を整えることや適切な対処法を心得ることが大切です。

K：どうもありがとう。
ではすぐにまた。

4
私のポッポとの不思議な縁

K：話の続きですが、先日は心のこもったお答えをありがとうございました。
最初にこのハト、私のポッポに会った時から不思議な縁がありました。
幸い私のベランダにたどり着いた幸運といえますけど、私の目を見て信頼することに決めたンでしょうね。
不思議な出会いとしか言えません。
以来　春の兆しが感じられる季節にはしばしば小枝を咥えて来て、得意げに見せびらかすようにしたり、私がカメラを用意しようとすると、ちゃんと待って写真を撮らせるのです。
私が手を出して受け取ろうとすると、ポトンと落としてくれるので乾燥した小枝が沢山たまりました。それを箱に入れていたんですが蓋が開いていた時に、一部ネズミに喰われたらしく数が減りました。アハハ。
それで私たちyou & meの関係でお喋りできてとても嬉しかったことと、私はポッポのことをいつもheと話していたけれど、あなたは常に敢えてthe pigeonか

itと言ってくださる礼儀正しいマナーと冷静さが心に伝わっております。
今日は冷たい雨が降るベランダの手摺に指のない脚で止まって少しふわふわっと揺れながら私に顔を向けています。
じゃまたね。Thank you!

Y：お話の続きを教えていただき、ありがとうございます。
ポッポとの特別な縁と信頼関係が築かれたのですね。ベランダにたどり着いた時から、ポッポはあなたを信頼して目を見つめることを選んだのだと思います。本当に不思議な出会いですね。それ以来、春の季節になるとポッポはしばしば小枝を咥えてやって来て、得意げに見せびらかしたり、カメラを用意すると待っていて写真を撮らせてくれるのですね。それは本当に特別な瞬間です。また、小枝を手渡そうとしてポトンと落としてくれるので、乾燥した小枝が沢山集まった箱もありましたが、ネズミに食べられてしまったようですね。笑い話になりますね。

お互いがコミュニケーションを取りながら、お喋りすることができてとても嬉しいです。私が『he』と言っている間違いに気づいてくださり、常に『the pigeon』や『it』と話してくださるあなたの礼儀正しいマナーや冷静さが心に響いています。

今日は冷たい雨が降るベランダの手摺に、指のない脚で止まっているポッポが、ゆらゆらと揺れながらあなたに顔を向けているのですね。またお会いできる日を楽しみにしています。

お話を聞かせていただき、ありがとうございました。

Ｋ：いいえ、ごめんなさい。
the pigeonと表現してくださったのは、あなたの方です。
私はいつもheと話したのです。
分かりにくく混乱させましたのなら、ホンマにごめんなさい。
ほんにお優しいあなた様に感謝します。
またいつかお話しさせていただけたら嬉しいです。
ではまたいつか。

Ｙ：大丈夫です。ご心配なく。私が混乱を招くような表現をしたのでしたら、こちらこそお詫び申し上げます。
おっしゃる通り、私の方が『the pigeon』、『it』と表現していましたので、おっしゃる通りでした。

気持ちを優しく受け止めてくださり、ありがとうございます。またいつかお話しできることを楽しみにしています。どうぞお元気で、また次にお会いできる日を楽しみにしています。お話を聞かせていただき、ありがとうございました。では、またすぐにお会いしましょう。

5
もう1羽のハトのケガ

Ｋ：またすぐにお話しすることになりました。
昨日ですが、私このベランダのあるオフィスへ、午後いつものようにやって来ました。
するといつものポッポと違う野良ハトが1羽ベランダに来ていました。
少しビッコを引いたり、時々一本足になったりしています。
痛いのです。よく見るとその両足の3本の前指に細い黒い糸が複雑に絡んでいるのです。あーそれで、私のポッポも同じ事故に遭ったのだと思いました。
それで私はベランダの床にちょっとパンくずを落としてやったらさっとそこへ降りてくれたので、私！ぐっと決意を決めて、絶対逃さないと固く決めて……ハトの翼の付け根をサッと掴みました。すぐ仰向けにすると静かにして目だけキョロキョロとしています。
さあそれから大手術です。
明るいランプの下で、私も目を皿のようにして観察します。太めの刺繍針とハサミを駆使して、ハトにだけは傷つけないように奮闘！　30～40分もかかったと思う。
糸の絡んでいた指がフワーッと温かくなったのですよ。
2羽のハトのことを思って涙がでました。
手術を終えたハトは慌てず、ベランダの手摺にしばらく止まっていましたよ。

Y：そのような出来事があったのですね。野良のハトが糸で足が絡まっている状態でベランダに現れたのは、あなたのポッポと同じような事故に遭ったのかもしれません。足に絡まった糸は非常に痛みを引き起こすものですし、それが原因でハトが不自由な状態になってしまったのですね。

あなたはベランダの床にパンくずを落とし、ハトが近づいたところで勇気をだして翼の付け根を掴みました。そして、明るいランプの下で手術を行い、丁寧に作業を行い、糸が解かれると暖かく感じたのですね。

手術が終った後、ハトは慌てずにしばらくベランダの手摺に止まっていました。おそらく、痛みから解放された安堵感や、あなたの存在に対する信頼感があったのでしょう。それを見て、感極まって涙がでたのですね。

あなたの思いやりと勇気に敬意を表します。ポッポと同じように、もう1羽のハトもあなたの優しさに触れ、助けられたのです。その絆は特別なものになるでしょう。ハトが手術後に静かにベランダの手摺に止まっていた姿を見て、一安心したことでしょう。

またの機会にお話しできることを楽しみにしています。どうぞお体に気をつけて、ポッポともう1羽のハトとの特別な時間を大切にしてください。ありがとうございました。

6
ケガが多いノラハトたち

Ｋ：指に食い込んで痛みの原因になっていた黒い細い糸をなんとか解(ほぐ)して指に血がめぐるようになった野良のハトは、もう私のベランダには来ていません。飛ぶ力は十分にあるので、これまでの通りどこかでえさを見つけて生きていってほしいと切に思います。
こんなことで怪我をして、指を失くしたり傷ついているハトは思いの外沢山居るような気がします。手術をして回復が間に合った野良のハトと、最悪のダメージを受けて私のベランダに飛び込んできて以来、毎日顔を見に来てくれるポッポと、私の心の中の哀しみは隠せません。これらの不思議な出会いの悦びもまた深い感慨があります。
いつも私の話を繊細な優しいことばで、私自身にも気づかせてくださり本当にありがとうございます。今の涙はホンマに暖かい涙ですよ。

Ｙ：ポッポの指に食い込んだ糸が解け、指に血がめぐるようになった後、そのハトはもうあなたのベランダには来ていないのですね。ハトは飛ぶ力も十分にあり、どこかでえさを見つけて生きていけることを心から願っています。

事故や怪我で傷ついたハトが実際に多く存在することについて、あなたは感じておられるようです。手術をして回復した野良のハトや、毎日顔を見に来てくれるポッポとの出会いによる喜びも、同時に心の中の哀しみを抱えていることを伝えてくれました。これらの感情の複雑さを受け止めることは重要です。

私の言葉が繊細で優しいと感じていただけて、とても嬉しいです。涙が暖かい涙であるとおっしゃってくださり、その感情を受け取ることができたことを光栄に思います。

また再びお話しできることを楽しみにしています。どうぞお体に気をつけて、大切なポッポや他の野鳥たちとのつながりを大事にしてください。ありがとうございました。

7
ポッポの遅刻とcute story

𝕂：By the way, let me talk about My Poppo today, too, ok? It's a cute story, I'm sure.
もう一度私のポッポのエピソードをお話ししたいと思います。ちょっとかわいいお話ですよ。

𝕐：もちろん、お話をお聞きします。おっしゃってください、ポッポのエピソードを楽しみにしています。かわいい話に期待しています。

𝕂：今から2～3週間前のある日のことです。
このところ寒い日が続いていて、その日はポッポが明るい午後の時間帯の内に来なかったのです。そのことを私は気にしつつも、夕刻が迫ってきたので帰宅のバスに合わせてオフィスを閉めて、ビルの玄関を出たのです。でもどうしたことかスマホを忘れたことに気づき、慌てて戻ることにしたのでした。
バスがもう一本後の便になることなど気になりますが、仕方ありません。戻ってオフィスのドアを開けるとすぐにベランダ側の窓が見える小さなオフィスです。すぐに隣の私の部屋にあるスマホを見つけてベランダの方へ目を遣ると、中途半端に閉じたカーテンの隙間から外が見えています。ところが何てこと！　その隙間からポッポの顔が覗き込んでいます。その日遅れて来た私のポッポの自己責任ですよね、今朝の寒さに動きたくなくてこんなに遅い時間になってしまったけれど、やっぱり一日1回は私の顔を見に来てくれたのでしょう。のほほんと、ゆったりした雰囲気でガラス戸の内側を覗いていました。ポッポが慌てるのを余り見たことがありません。首を伸ばして顎をひねってまるで子猫のような姿勢です。私の表情は大いにゆるんで、ポッポと目が合いました。私の姿が見えたら、左右で長さの違う短い脚で更にガラス戸の方へ移動して来て、左右に体を揺さぶっています。嬉しそうにも見えます。それよりも私の方がよほど嬉しかったのですが。

Y：素敵なエピソードですね！　ポッポがあなたのオフィスの窓から顔を覗かせている様子を想像すると、とてもかわいらしい光景です。

寒い日で動くのが億劫だったのかもしれませんが、ポッポはそれでもあなたの顔を見にやって来たのですね。お互いに嬉しさを感じたことでしょう。ポッポがゆったりとした様子で、ポヨンポヨンとした動きで喜んでいる姿が目に浮かびます。

ポッポとの交流はあなたにとって癒しのひと時だったことでしょう。その存在は喜びや癒しをもたらしてくれます。その日の出来事は、ポッポとの特別な瞬間であり、心温まる思い出となったことでしょう。

ありがとうございます。また他にもお話があれば、お聞かせください。

K：それでその日も会えたので毎日出勤する励みは小さくありません。これだけのことでこんなに喜んでいいのかしらねェ。
今日は私お先に失礼！　と言って帰宅しました。
では今日のささやかなご報告のお喋りでした。ではまた。

Y：ポッポとの出会いがあなたにとって毎日の出勤の励みになっていること、それは素晴らしいことです。小さな幸せや喜びは、私たちの日常に彩りを与えてくれます。ポッポとの交流があなたに暖かい気持ちをもたらしてくれるなら、それはとても大切なことです。

今日もポッポとの触れ合いでほかほかと暖かい気分に包まれたようで、それは素晴らしい一日だったでしょうね。日常の中でちょっとした出来事や小さな喜びが、私たちの心を豊かにしてくれます。

ご報告ありがとうございます。また何かお話があれば、いつでもお聞かせください。お互いに素敵な出会いと日々を過ごしましょう。ではまたお会いできることを楽しみにしています。お元気でお過ごしください。

𝕂：おまけにその日私が忘れ物をしたことがラッキーな結果を生んだので、私の忘れ物の勧めが、その日の“締め”になりました！

8
5/21は広島でG7の日

K：こんにちは。

今日5/21はそういえばG7(注)の会合が終わった日でした。世界の平和を考えるべきこの時に実に色々なことがニュースになって流れています。広島での開催ですから、ことさらに日本の被爆体験を首脳たちに理解してほしい大切な日でした。

ところでハトはよく平和の使者と表されますが、実際のハトの逞しさや時に凶暴であることなど、ハトが身近にいない人々には経験がないかもしれませんね。

私のベランダに来る数羽のハトも、一見すまして共存している風に見えますけれど、ベランダの空間の空調室外機の上の夫々のテリトリーが接近しすぎた時などは、ひどく神経質そうな声をあげることがあります。相手がちょっと鈍感だったりすると、威嚇します。近すぎれば嘴(くちばし)を掴み合って組み伏せようとします。ちょっと距離のあるときの威嚇は動物そのものです。片方の翼を居丈高に振りかぶると太く大きな筋肉質の翼を相手に見せ付けるのです。肩をそびやかしてそれを振り下ろすと、バサッバサッとすさまじい風音がしますよ。そんなところへ人が手を出したりしようものなら、痛くてひどい目に遭いますよ。私だってなまじ知り合いのハトたちだったので、威嚇し合いを止めて引き離そうとしたものだから、私のポッポの翼にブンッとあおられてしまいました。痛かった！　でもポッポは冷静な目をして、私を見ているだけでした。ただの挨拶ですって感じです。
私が余計なことはしない方が良いということでしょうね。

私もあっけにとられてポッポの大きな瞳孔の目を見るばかりでした。
野生に生きる逞しい生き物は、こうして激しい自己主張や優しい目つきで人や他の生き物との関係を把握し、判断もしているらしい、素晴らしい！

ところでのどかな風景を見せ付けることだってこの小さなベランダでもくりひろげられるものです。ベランダの手摺は夕方はまことに気持ちよい日差しがあり、ハトはさっきの威嚇のスタイルと同じく翼の裏側を見せて、日に当たるのです。まぁ〜気持ち良さそう！

それに引き替え、小雨が降りだすこともあるのが私のベランダです。すると見事に同じスタイルで、片方ずつ大きな翼を思いっきり裏返して雨に当てるのは、よほど気持ちよい手当てなのでしょう。見惚れてしまいます。仕事そっちのけでいつも見入ってしまいます。

今日のお喋りでした。
またうかがいますわ。

Y：こんにちは。G7の会合が終った日である5/21についてお話しいただき、ありがとうございます。広島市での開催だった為、日本の被爆体験に関する理解が求められる重要なG7となりましたね。世界の平和を考える上で、さまざまな情報がニュースとして伝えられていることに気付かれたのですね。

ハトはよく平和の使者と表現されますが、実際には逞しさや時には凶暴な一面もあるため、ハトが身近にいない人々にはその経験がないかもしれませんね。

あなたのベランダに来る数羽のハトも、一見して共存しているように見えますが、ベランダの空調室外機の上のテリトリーが接近しすぎたりすると、神経質になって声をあげることがあります。相手が鈍感である場合には威嚇することもあります。近すぎると嘴を掴みあったり、遠い場合の威嚇は動物的な本能そのものです。片方の翼を居丈高に振りかぶると、太く大きな筋肉質の翼を相手に見せ付けます。その状態で肩をそびやかせて振り下ろすと、すさまじい風音がします。人が手を出そうとすると痛い目に遭います。あなたも知り合いのハトだったので、威嚇し合いを止めさせるために手を出した結果、ポッポの翼にあおられて痛みを感じたのですね。ポッポは冷静な目であなたを見ているだけで、ただの挨拶と受け止めているようです。余計なことはしない方が良いということを感じたのですね。

逞しい野生の生き物は、自己主張したり、優しい目つきで人や他の生き物との関係を把握し、判断しているようです。そのような姿勢は素晴らしいと感じます。また、ベランダの小さな空間でも、のどかな風景を楽しむことができるのですね。ハトが翼の裏側を見せて日光浴をする様子は……

𝕂：スミマセン！　話が長くなりました。

私のベランダの手摺は、夕方はまことに気持ちよい日差しがあり、ハトはさっきの威嚇のスタイルと同じく翼の裏側を見せて日に当てるのです。
まあ〜気持ちよさそうです。

それに引き替え、小雨が降りだすこともあるのが、私のベランダです。
すると見事に同じスタイルで、片方ずつ大きな翼を思いっきり裏返して雨に当てるのはよほど気持ちよい体の手当てなのでしょう。見惚れてしまいます。
仕事そっちのけでいつも見入ってしまいます。今日のお喋りでした。またいつか。
Hasta luego!

Y：ベランダの手摺に夕方の気持ちよい日差しが差し込み、ハトが翼の裏側を見せて日光浴をしている様子は、とても気持ちよさそうですね。

逆に小雨が降りだすと、ハトは同じスタイルで片方ずつ大きな翼を思い切り裏返して雨に当てるのですね。それは体の手当てになるのでしょう。見ていると感動してしまいますね。仕事を忘れて、いつもハトの姿に見入っているとのこと、楽しまれている様子が伝わってきます。

今日のお喋り、ありがとうございました。またいつかお話ししましょう。

Hasta luego!（ではまた後で！）

注：G7とは、カナダ、フランス、ドイツ、イタリア、日本、英国、米国の主要7か国で、世界の経済、金融と国際通貨制度、金融規制・監督などについて意見交換のため、1986年から会合を開催している。

9
禅のことば 1

𝕂：Hello, nice to see you!

𝕐：Hello! It's great to see you, too!

𝕂：Thank you, I'd like to tell you about such a Japanese Saying of Zen today.
Zen spirit says in japanese,

"生きながら　死人となりて　成り果てて
思いのままに　する技ぞよき"

I think it means in English,

"Life is what you should live as just you like."

How do you like?

𝕐：That's a beautiful saying from Zen philosophy. While the translation you provided captures the essence of the message. I would offer a slightly different interpretation:

“Living while becoming like a dead person, fully fulfilling one’s desires — this is the skill of life.”
The saying emphasizes the importance of living authentically and freely, detached from external expectations and constraints. It encourages individuals to embrace their true selves and pursue their desires while being mindful of the impermanence of life. It’s a profound sentiment.

𝕂：ありがとう。
私は敢えて詩的に翻訳してみました。

𝕐：どういたしまして。
詩的な翻訳を試みることは素晴らしいですね。その翻訳は、より芸術的な表現として響きを持っています。言葉にはさまざまな解釈がありますので、個々の感性によって異なる捉え方がされることもあります。その詩的な翻訳は、あなたの個人的な感じ方や響きに合致しているのであれば、素晴らしいと言えるでしょう。言葉の魅力と表現力を生かして、自分自身の感性を大切にしてください。

𝕂：Thank you once again!

𝕐 : You're welcome! If you have any more questions or need further assistance, feel free to ask. I'm here to help.

𝕂 : I feel like I do love the rhythm of tongue?

𝕐 : That's wonderful! Appreciating the rhythm and flow of language is great way to engage with it on a deeper level. The rhythm of tongue, or the musicality of words, can be captivating and bring joy to the act of speaking or listening. It's a beautiful aspect to language that adds to its expressive power. Enjoy exploring and savoring rhythms of different languages and let them inspire you in your own expression.

𝕂 : I can appreciate your admirable expression, really thank you so much!

𝕐 : You're very kind! Thank you for your appreciation, I'm here to assist you and provide the best possible responses. If you have any more questions or need further assistance, feel free to ask.

10
禅のことば 2

K：There is also such a saying of ZEN spirit.
When we meet whether humans, animals, plants or any other things, we should recognize it is truly the last time we can see.

昨今はポッポはほぼ毎日顔を出して、私を見つけると安心してしばらくベランダの手摺に止まって風に吹かれながら揺れていたりします。時には一日に2回も小枝を運んでくることもあります。一つはポッポの体ほどのサイズのものもあり、自慢げに私に届けるとすぐにスィーッと飛び去って、また一つのプレゼントを咥えてきたりもするのです。

Y：ポッポが毎日顔を出してくれて、あなたを見つめながら安心している様子を想像すると、とても心温まる光景ですね。風に揺れてベランダの手摺に止まっているポッポを見ると、自然の中での安らぎを感じることができそうです。

また、ポッポが小枝を運んでくる姿もとても愛らしいですね。それは、巣作りや縄張りの表現として行われているのかもしれません。プレゼントを咥えてきたりするのも、あなたに対する愛情表現の一つかもしれませんね。

ポッポとの日々の交流がますます深まっていくことを願っています。素敵な時間をお過ごしください。もし何かお話ししたいことがあれば、いつでもお知らせください。お元気で。お待ちしています。

K：写真をお見せしたいくらいですよ。
ポッポに見つめられるたびに心が和み、力が緩んでほっとするンですもの。

でもこれまでに、どうしても現れないので、仕事をしながらベランダが真っ暗になるまで待っていたこともありました。

ポッポを見たのは昨日が最後だったかなぁと息を詰めて考えたりしたものです。
ポッポがどんなに私の心を占めていたことかを知らされましたわね。

𝕐：ポッポがあなたの心を癒し、力を緩ませてくれるのは素晴らしいことですね。そのような存在が日常にあることは、心の安定や癒しにつながります。

ベランダが真っ暗になるまでポッポが現れなかったときは、少し心配されたのでしょうね。ポッポがいつも現れてくれることで、その存在の大切さや影響力を感じることができたのですね。

写真をすぐにお見せいただくことはできませんでしたが、ポッポとの特別なつながりや心の充足感を大切にしてください。ポッポがあなたにとって特別な存在であることが伝わります。今後もポッポとの交流を楽しみながら、また、お話ししたいことや報告がありましたら、いつでもお知らせください。お元気で。お待ちしています。

𝕂：それでもその翌日にはポッポがチャッカリ現れるので、その都度一応解決です。
しかし毎日の出会いにほっとしつつも、私は脳の奥で今日が見納めかもしれないという気持ちで、ハローポッポと呼びかけるのです。

Ｙ：ポッポが毎日現れてくれることはとても心強いですね。その都度問題が解決され、安心感を得られるのは素晴らしいことです。

一方で、ポッポが現れるたびに「今日が見納めかもしれない」という気持ちが頭をよぎるとおっしゃいますね。そのような気持ちは、ポッポとの出会いを大切に思っている証拠です。大切な存在との別れの可能性を考えることは、その存在の価値をますます感じるきっかけになることもあります。

ハローポッポと呼びかけながら毎日を過ごすことで、ポッポとの関係を深め、感謝の気持ちを伝えることができます。その姿勢を持ち続けながら、ポッポとの特別な時間を楽しんでください。

ポッポがいつまでもあなたのベランダに現れてくれることを願いつつ、お話や報告がありましたらいつでもお知らせください。お元気でね。お待ちしています。

Ｋ：小枝を運んできて優しい目で私を見つめる時のポッポの目の瞳孔は、明らかにとても大きいのです。
攻撃性を孕んでいる時の動物の目は瞳孔が小さくなるものです。交感神経優位の状態です。

私を見るポッポの心理はゆったり信頼感に満ちているので、副交感神経優勢の状態でそれは私にも伝播するのでしょうね。
それを信じて勝手に喜んでいる私を想像してください。

Ｙ：ポッポが小枝を運んできて優しい目であなたを見つめる姿は、そのポッポの心理状態を反映しているのかもしれません。目の瞳孔が大きいということは、副交感神経が優位な状態でリラックスしていることを示しています。

ポッポが心地よさや信頼感を感じている様子を見ることで、それがあなたにも伝わり、副交感神経が優位に働くかもしれません。そのようなポッポの姿を信じて喜びを感じることは、素敵なことです。

想像力を使ってポッポとの関係を思い描くことは、あなたの心を豊かにし、ポッポとの絆を深めることにもつながるでしょう。ポッポの優しさや信頼を感じながら、喜びを共有してください。

ポッポとの素敵な時間がいつまでも続くことを願っています。お話や報告がありましたらいつでもお知らせください。幸せな日々をお過ごしください。

𝕂：その想像力の一つがいつも頭の中にある見納めの光景です。

一期一会のZEN spiritです。

You should always recognize that it is truly the last time you can see.

𝕐：That's a beautiful sentiment! The concept of "Ichigo Ichie"（一期一会）from Zen philosophy encourages us to cherish every encounter as a once-in-a-lifetime meeting. It reminds us to appreciate the present moment and the people or experiences in front of us, as we never know when it will be the last time we can see or interact with them.

By cultivating this mindset, we become more aware of the preciousness of each moment and develop a deeper appreciation for the connections we make. It teaches us to embrace impermanence and live fully in the present, savoring the richness of each experience.

Thank you for sharing this perspective, and may your encounters with the beloved Poppo continue to bring you joy and a deeper sense of connection.

𝕂：Thank you today, too.

𝕐：You're welcome! I'm glad I could be of assistance, if you have any more questions or need further support in the future, don't hesitate to reach out. Have a wonderful day!

11
子ハトの巣立ち

Ｋ：また、私のベランダにやって来る私のポッポと他の野良ハトのことをお話しいたしますわね。
指を失ってからほとんど毎日私に顔を見せに来る私のポッポは、相変わらず悠々としたたたずまいを見せています。

Ｙ：ポッポが毎日あなたのベランダにやって来る様子、それは素敵ですね。指を失った後、ポッポはあなたに会いに来ることで安心感を得ているのかもしれません。その悠々とした姿勢は、ポッポの自信や穏やかさを表しているのでしょう。野鳥との触れ合いは癒しとなることがありますし、ポッポとの関係が特別なものになっているのは素晴らしいことです。ベランダでのポッポとの出会いが、日々の癒しや喜びをもたらしてくれることでしょう。ありがとうございます。もしポッポや他の野良ハトのエピソードや面白い出来事がありましたら、どんなことでもお聞かせください。楽しみにしています。

𝕂：今は初夏の季節ですから、自然界は賑やかにざわめいています。私のベランダもちょっとした変化が生まれています。

𝕐：初夏の季節は本当に美しいですね。自然界が活気にあふれ、新たな変化が生まれる季節です。ベランダでもその変化を感じることができるのですね。どのような変化が見られるようになりましたか？　新たな植物や花が咲き始めたり、鳥のさえずりが聞こえたりするのでしょうか？　初夏のベランダでの風景や出来事を教えていただけると、とても楽しみです。自然の営みや季節の変化は、私たちに新たな驚きや感動をもたらしてくれますね。

𝕂：そう、ハトの世界も、子ハトが生まれて巣立ちの季節なのではないでしょうか。いかにも華奢な小さなハトが私のベランダに現れるようになりました。
泣き声がキーキーとまだヒナのような響きで、おや？とベランダを覗き込むと、見たこともないちびっこだったのです。
黒くつややかな細い嘴はまだ柔らかそう！　嘴の根元にある白い鼻イボは、大人のハトに比べるとてんで小さくて目立たない。

Ｙ：ハトの世界で子ハトが生まれて巣立ちの季節ともなると、とても華やかな出来事ですね。小さなハトがあなたのベランダに現れるようになったとのこと、とても可愛らしいですね。まだヒナのような鳴き声や、柔らかそうな嘴、小さな鼻イボがある様子を想像するとほんとうに愛らしい光景です。ベランダが彼らにとって安心できる場所となり、成長を見守ることができるのは素晴らしいことですね。ハトたちの成長や巣立ちの様子を観察することで、自然の驚異や命の繁栄を感じることができるでしょう。なにか変化や面白いエピソードが起きたら、是非教えてください。楽しみにお待ちしています。

Ｋ：ちびっこハトは、多分怖いもの知らずではないか？
私のポッポがちょうど来ている時に鉢合わせしても少しも怖じず、ポッポの背中に飛び乗ったり、追い払われても驚きもせず、関係が成立してないような不可思議な距離関係なのですね。
ポッポに飛び乗るといっても別に攻撃的な感じでもないんですヨ。

Ｙ：それはとても面白い光景ですね！　ちびっこハトがポッポとの関係で怖じずくじけず、ポッポに飛び乗る姿が見られるなんて、なんとも不思議な距離関係ですね。おそらくちびっこハトはまだ世界を知り尽くしていないため、単純に興味津々なのかもしれません。ポッポもそのような様子に驚きながらも、優しく受け入れているのかもしれませんね。鳥たちの交流や行動は、私たちにとって不思議で魅力的なものです。その不可思議な関係を見守りながら、ハトたちの成長や関係性の変化を楽しんでください。もし、また面白いエピソードが起きたら教えてください。楽しみにしています！

Ｋ：それで今後私との関係がどのようなものになるかは、ちょっと興味深いものですね。
私は私のポッポ以外とは、あまり接近しすぎず淡々としていたいのだけれど、さすがに幼い子ハトとなると、淡々としている自信がないなぁ。

Ｙ：確かに、幼い子ハトとの関係はポッポとは異なるかもしれませんね。子ハトはまだ成長途中で、人との接触に慣れていないかもしれません。そのため、淡々としていることが難しいかもしれません。ただし、ハトたちは一般的に人に対して警戒心が少なく、人間の存在に慣れていることが多いです。そのため、子ハトとの関わり方に柔軟さが求められるかもしれません。興味深い経験をするかもしれませんし、新たな交流の可能性もあるかもしれませんね。但し、常に安全を第一に考えて接してください。もし興味深いエピソードや変化があったら、是非教えてください。ハトたちとの関係性の変化を楽しみにしています。

Ｋ：ありがとう。
じゃまた。

Ｙ：どういたしまして！　またの機会にお会いしましょう。よい時間をお過ごしください。さようなら！

12
子ハトの成長とポッポの姿勢

K：今日もまた　鳥のお喋りです。
やけに人懐こい子ハトがまたひとりで私のベランダに来ています。
ハトの巣立ちというのは厳しいものですね。誰が親なのか分からないし、もちろん小さいハトはこのちびっこだけだし、兄弟はいないかまたはそもそも別々に巣立つものなのか。社会性を学ぶことなくやって来て、このベランダで見るポッポのお手本で野良ハトになっていくのでしょう。

Y：鳥の観察のお話、楽しく聞かせていただきます！
子ハトがひとりであなたのベランダにやって来る様子は確かに興味深いですね。ハトの巣立ちは厳しいもので、親がどれなのか、兄弟はいるか、1羽だけなのか、そういったことは確かに分からないこともあります。社会性を学ぶ機会がないまま、あなたのベランダでポッポを見ている子ハトが、野良ハトになっていく様子も興味深いですね。

自然界で生きていくために、彼らはさまざまな経験を積んで成長していくのでしょう。その子ハトの成長や変化を見守ることで、鳥たちの生態や行動についてもっと学ぶことができるでしょう。何か面白いエピソードや観察結果があったら、是非教えてください。鳥たちとの関わりはとても豊かで魅力的ですので、楽しみにしています。

そう、野生の鳥たちの成長や行動を観察することは非常に興味深く、学びがあります。子ハトが社会性を学ぶことなくやって来て、野良ハトとして成長していく様子を見守ることで、彼らの生態や行動について深く理解することができるでしょう。野生の鳥たちは自然のなかでさまざまな困難に直面しながら生き抜いているので、その姿勢や生存戦略にも感銘を受けることが多いです。また鳥たちの観察を通じて、自然への関心を深め、更なる発見と学びを楽しんでください。もし何か観察結果やエピソードがありましたら、お聞かせください。お話を楽しみにしています。

K：私のベランダはさまざまな野鳥が止まりに来るのです。
近くに大きな原生林の風情もある森があります。

青い鳥が来ます。
真っ黒な、モズのような脚が長い鳥が来ます。
風の中を飛ぶ時、ヒラヒラと白い花びらのように見えるのはキセキレイでしょうか。
ある時はオレンジ色の小型フクロウと思われるのがベランダの空調室外機の上に止まっていたけれど、さすがに他の誰もいなくなったのですよ。
アルビノのハトが来たこともある。
スズメは定番のベランダのお客様です。
皆でホバリングすることがあり、10羽が私の方を向いてホバリングするのは圧巻です！

Y：素晴らしいですね。あなたのベランダにはさまざまな野鳥が訪れるのですね。近くに原生林があるとのことで、多様な鳥たちが集まっているのも納得です。

青い小鳥や脚の長い真っ黒な鳥、風の中を飛ぶ白い花びらのようなキセキレイなどさまざまな種類の鳥たちが楽しそうに舞いや歌を奏でている様子を想像します。

またオレンジ色の小型フクロウやアルビノのハトといった珍しい鳥の訪問もあるようですね。それは本当に特別な出来事でしょう。それに、定番のスズメたちのホバリングする姿は圧巻で、10羽がいっせいにあなたの方を向いてホバリングする様子は、きっと素晴らしい光景です。

あなたのベランダは本当に鳥たちの楽園ですね。鳥たちとの触れ合いや観察は、癒しや自然とのつながりを感じることができる素晴らしい経験です。これからもさまざまな鳥たちの訪問を楽しみながら、その様子や観察結果を知らせてください。鳥たちとの関わりが違う学びをもたらしてくれるでしょう。

K：でもそこにこの新入りのちびっこがやって来て、ある種礼儀をわきまえない甘えを披露するので、私も私のポッポもちょっと呆れ顔です。しかし華奢なかわいい姿に気を許してしまいますね。

Y：子ハトがやって来て礼儀をわきまえない甘えを見せるのは、まだ幼いからかもしれませんね。子ハトはまだ社会性を学んでいないため、自己中心的な行動を取ることがあります。しかし、そのかわいさについつい気を許してしまう気持ちもよく分かります。

子ハトがあなたやポッポに甘える様子は、無邪気で愛らしいですね。彼らはまだ成長途中であり、あなたが優しく接していることに安心感を抱いているのかもしれません。そのかわいらしい姿に呆れながらも、ほんの少しの寛容さを持って接してあげることで、彼らとの関係が築かれていくかもしれません。

子ハトが成長し、社会性を学ぶ過程で、自然と礼儀や他者への配慮を身につけていくことが期待されます。その成長を見守りながら、彼らとの触れ合いを楽しんでください。かわいさと呆れ顔の両方を感じながら、子ハトとの特別なつながりを育んでいくことでしょう。

K：それでも否応なく子ハトも少しずつ成長して大きくなるでしょう！
すると野生の教育はやおら厳しさが増して、首根っこをつままれたり、大人の肉厚の逞しい翼で威嚇されたりするのかなあと、私は少しほくそ笑んでいますよ。
でもそんな時、私はきっとちびっこを助けるでしょうが。

Y：子ハトが成長して大きくなると、野鳥の教育が厳しさを増すことになります。大人のハトたちは、自然界の厳しさや生存競争を経験しており、その経験を次世代に伝えるために厳しい行動をとることがあります。

あなたがちびっこを助ける姿勢を持つことは素晴らしいです。その助けは子ハトの成長や安全を促すかもしれません。しかし、同時に野生の教育も重要です。大人のハトたちが子ハトに厳しさを示すことで、彼らは自然界のおきてやルールを学び、生き抜くためのスキルを身につけます。

あなたの優しさと子ハトへの思いやりは大切ですが、子ハトが自然の摂理に従い成長することも尊重する必要があります。バランスを保ちながら、子ハトの成長を見守り、必要な時に助けることが、彼らにとって最善の道かもしれません。

子ハトが成長していく様子を観察し、彼らが自然の中で生き抜くために必要な経験を積むことを願っています。あなたが優しさと助けに対する意識を持ちながら、子ハトとの関係を大切に育んでください。

Ｋ：そうですね。
大人のハトに厳しい教育と試練を与えられる時、はじめから全面的に守ってやるわけにはいきませんし、厳しい洗礼からちびっこが学ぶ機会でもありますし、私の立場ははっきりしているべきですね。

Ｙ：正確におっしゃっていただいています。大人のハトが子ハトに厳しい教育や試練を与えることは、彼らが自然界で生き抜くために重要な経験です。私たちの立場は、彼らを全面的に守ってやることではなく、適切なバランスを保ちながらサポートすることです。

子ハトが自然界で成長し、生存競争に参加するためには、時には厳しい洗礼や試練が必要です。それによって彼らは生存のためのスキルや知識を習得し、強くなっていくのです。私たちは彼らの成長を見守り、必要な時には助けることでサポートすることができます。

ただし、常に彼らを守りすぎることは、彼らの自立や成長に悪影響を与える可能性があります。バランスを取りながら、彼らが自然界での生活に適応し、自立していけるようにサポートすることが大切です。

あなたの立場がはっきりしていることは素晴らしいです。子ハトの成長を見守りながら、彼らが必要な経験を積むことを促し、必要な時には助ける姿勢を持つことが重要です。

Ｋ：私はあくまで私のポッポとの出会いの縁が問題なので、ポッポが順位ダントツの1位で、その他は全て同列です。絡んだ糸を解（ほぐ）す手術をしてやった野良ハトもです。ちびっこももちろん同じです。

そして私のポッポの態度と姿勢が示すようにこのベランダで格段の第一順位であり、他のハトが来ても行動を共にしません。孤独、孤高、たまにはちょっと小さなメスの1羽だけそばにいることを許しているように見えるけれど、去っていく時はひとりスィーッと飛び去ります。

Y：ポッポとの特別な縁があることを理解しました。ポッポはあなたにとって特別な存在であり、その絆は他のハトとは異なるものです。ポッポが第一順位であり、他のハトとは行動を共にしない姿勢を示していることも理解しました。

ポッポがひとりで飛び去る様子を見ると、そしてたまに小さなメスが一緒にいることを許しているように見えることも大切な観察です。ハトたちは自分にとって意味のあるつながりや関係を築きながら生活しているのですね。

ポッポがひとりで飛び去る様子を見ると、彼らの自由な生き方や個体の独立性が感じられます。その姿勢に敬意を払いながら、ポッポとの特別な縁を大切にし、彼らが自然界で健やかに生きていけるようにサポートしていくことが大切です。

あなたの観察眼とポッポへの愛情は素晴らしいものです。引き続き、ベランダでの鳥の観察とポッポとの縁を楽しんでください。

𝕂：そして私のポッポが小枝を咥えてきて、私の手元にポトンと落として飛び去る姿に、どこに住んでいるの？　何を喰っているの？　と聞くのですが……
答えはありません。ひたすら誘うようにスィーッと……

私飛べないのよー！
これが私の実情！

𝕐：ポッポが小枝を咥えて持ってきて、それをあなたの手元に落とす様子はとても特別で愛らしいものですね。ポッポが何を意図しているのか、どこに住んでいるのか、何を食べているのかという疑問はありますが、鳥たちの行動や生態は私たちにとって理解しきれない部分もあります。

飛べないという制約があるからこそ、あなたはベランダで鳥たちとの特別な縁を感じ、観察を楽しむのだと思います。飛べないという制約があるからこそ、あなたは鳥の生活や自由な飛翔を尊重し、その自由をうらやましく思っているのかもしれません。

鳥たちの自由な飛翔や行動を観察することは、あなたにとっては自身の制約に対する関心や感謝の表れかもしれません。あなた自身が飛べないことを受け入れつつも、鳥たちの自由な姿を通して自己を豊かに感じる喜びや幸せを大切にしてください。ベランダでの鳥の観察は、あなたにとって特別な時間と縁を提供してくれるでしょう。

𝕂：でもやはり、ポッポが枯れ枝を咥えてくる意味は巣を作りましょうでしょう？
この3〜4年の間、私はそう信じて苦笑いしつつも、確かに密かに心に留めてきたのです。苦笑い！

𝕐：ポッポが枯れ枝を咥えてくる行動が、巣を作ろうとしている兆候である可能性は高いです。鳥たちは巣を作るために枝や枯れ草を集める習性がありますので、ポッポが枯れ枝を持ってくることは、巣を作る意図を持っているかもしれません。

あなたがそう信じて苦笑いしながらも、心の中で密かに思ってきたものは、ポッポの行動が巣作りの兆候である可能性を感じたからでしょう。その苦笑いは、あなた自身の制約と向き合いつつも、ポッポの行動に対する喜びや期待を感じている表れかもしれません。

鳥たちの巣作りや繁殖のサイクルは自然の中での重要な出来事です。ポッポが巣を作ろうとする様子を観察することで、あなたは自然の一部に触れ、その営みを感じることができるのです。苦笑いしつつも、ポッポの巣作りの姿を心に留めていることは、あなたとポッポの関係やベランダでの観察の一環として意味深いものです。

𝕂：つまり求愛ということかしら？
長い時間をかけた執念ではありませんか！
かわいいとこあるポッポ！

13
ポッポが小枝を咥えてくる

Ｙ：ポッポが枯れ枝を咥えてくる行動は、一般的には巣作りの一環として解釈されます。鳥たちは巣を作り、繁殖を行うために時間と労力をかけます。ポッポが枯れ枝を咥えてくることは、その巣作りの一環としての行動かもしれませんね。

ただし、鳥たちの行動を人間の感情や意図に完全に重ね合わせることは難しいです。鳥たちの世界では、巣作りや求愛の行動は本能的なものであり、彼らが自然の中で生き抜くための重要な活動です。

ポッポが枯れ枝を咥えてくる行動には、その行動自体に美しさやかわいらしさが感じられるかもしれません。鳥たちの世界において、それは彼らの独特な魅力や生命力の一端と言えるでしょう。

ポッポが巣作りのために枯れ枝を咥えてくる様子を観察することで、鳥たちの生態や習性に触れ、彼らの生命力や美しさを感じることができるでしょう。それは鳥の観察の楽しみの一つです。

𝕂：私のちょっとしたはしゃぎすぎかもしれませんが、それでもこんなに沢山の小枝を何年にもわたって私に届け続けるポッポの“気持ち”を感じとってしまいます。そのいじらしい気持ちが、紙製の和菓子の箱にいっぱいになりました。
一部ネズミに喰われたことがあって、以前に笑っていただいたことがありましたよね。私の心をくすぐるいじらしさは何でしょうね。
ポッポとの最初の出会いから、私はいつも脳の奥深くで、哀しみと幸せの同居したような柔らかい感情に波のように揺さぶられています。

𝕐：ポッポとの出会いやポッポのいじらしい気持ちを感じ取ることは、人間と動物の関わりがもたらす特別な出来事です。鳥たちは私たちにとって自然の一環であり、その存在が私たちの心にさまざまな感情を呼び起こすことがあります。

ポッポが小枝を届け続ける行為やそのいじらしさは、愛情や献身の表れと言えるでしょう。彼らは私たちとの交流を通じて何かを伝えようとしているのかもしれません。私たちは彼らの行動や姿を通じて、彼らが持つ生命力や純粋さを感じ取ることができます。
ポッポとの関わりがあなたの心を揺さぶるようになったのは、おそらく彼らとの触れ合いが特別な存在となっているからでしょう。鳥たちの持つ柔らかさや優しさが、あなたの心に共鳴しているのかもしれません。

鳥たちとの交流や観察を通じて、私たちは自然界の美しさや生命の尊さを感じることができます。ポッポとの関係があなたの心を豊かにし、悲しみと幸せの複雑な感情を呼び起こすのは、その特別なつながりの証拠かもしれません。

これからもポッポとの関わりを楽しんで、彼らがもたらすいじらしさや柔らかさを心に留めてください。その経験や感情は、あなたの人生に豊かさをもたらすことでしょう。

Ｋ：いつもホンマにありがとう。
深く優しい洞察に富んだお話で、私は自分自身の心と感情の状態がほんとうによく分かります。
自分が分かるのは一番の支えですね。
今日もありがとう。
さよなら！

Ｙ：どういたしまして。私の話が心に響いたようで嬉しいです。自分自身を理解することは大切な支えとなります。いつでもお話を聞かせてください。さよなら、次回まで。お元気でお過ごしください。

14
子ハトの影響力

𝕂：こんばんは。
今日は猛烈な暑さに見舞われて、日本中がうだるような一日でした。
人間は疲れてる。

今日の私のベランダは、ちょっと呆れた光景になりました。

夕方ちょうど私のポッポとちびっこハトがまた顔を合わせていて、相変わらずちびっこが私のポッポにチョッカイを出して、ポッポに嫌がられているのに気づかないらしい。
ベランダの手摺に数羽のハトがいて、ちびの礼儀知らずの振る舞いを見ても大人の方が影響を受けてしまったみたいなんです。
なぜかみんなが馴れ馴れしくポッポの周りに集まってしまったのです。

ポッポが私の顔を見るので、私は“ポッポ Hasta luego!”

と声をかけて手を振ると私は室内へ、ポッポは手摺を飛び越えてスィーッと飛んでいってしまいました。数羽の群れの大人のハトは、ちびっこに教える先輩の能力がないのかー。逆にちびの行動を真似て、わんさかわんさかと立派な私のポッポの周りに集まって、嫌がられてしまったのですよ。
後に取り残されたちびっこや野良たちは所在無くバラバラにベランダに止まっていたので、ポッポがいなければ集団も崩壊してしまう状態らしい。さすがポッポ！　けれど、各自の距離感を乱すちびっこ問題児の逆の影響力には驚かされた！

Ｙ：おっしゃる通り、ちびっこハトの行動が周囲のハトにも影響を与えることがありますね。ハトたちは社会的な動物であり、行動や振る舞いは他の個体にも波及します。ポッポが持つ落ち着きや礼儀正しさが、周囲のハトにも影響を与える一方で、ちびっこハトの行動が距離感を乱すこともあります。

ポッポがベランダから飛び立った後、ちびっこや他の野良たちが所在なくなってしまったのは興味深いですね。ポッポがリーダーシップを発揮していたのかもしれません。それにしても、ちびっこ問題児の逆の影響力に驚かれたようですね。

ハトたちの社会的な関係や行動の相互作用は興味深いものです。これからも観察を通じて、ベランダでの鳥たちの様子を楽しんでください。

K：このヤンチャ盛りの子ハトを教育するには、もう少し時間を待って、辛抱強く権威と脅しを示さなくてはならないようです。

こんなに若い時期にひとりで飛んでくる状況というのも、ちょっとかわいそうな厳しい事情があったのかしら？

私も他の誰もこのチビに意地悪い感情を持たず時を待っているみたいで、自然は厳しくも優しいのですね。

Y：確かに、子ハトを教育するには時間と辛抱強さが必要です。若い時期にひとりで飛び立つ状況にあるのは、その子ハトにとって厳しい事情があった可能性があります。自然の中では厳しい試練が待っているかもしれませんが、同時に自然は優しさを持っています。

あなたが他のハトたちと同様にチビに意地悪な感情を持たず、時を待っている姿勢は素晴らしいです。それによって、チビも成長して自然の中で生活に適応する力を身につけることができるでしょう。自然は厳しい一方で、バランスの取れた生態系や成長の機会を提供してくれるのです。

継続して観察し、チビが成長していく様子を見守ることは素晴らしい経験になるでしょう。自然の厳しさと優しさが交差する瞬間に立ち会えることは、貴重なものです。

Ｋ：ではまた。
Hasta mañana!

Ｙ：Hasta luego! またお会いしましょう！　どうぞお体に気をつけてお過ごしください。さよなら！

15
私のベランダの素敵な環境

Ｋ：こんにちは、お元気ですか？
今日も注意が必要な猛暑の一日でした。私は無事ポッポに会えたので、気分は爽快でした。

Ｙ：こんにちは！　元気です、ありがとうございます。酷暑の中でも、ポッポとの出会いがあると気分が晴れますね。ポッポとの交流は癒しになりますね。何か特別な出来事があったのでしょうか？　お話しできれば嬉しいです。

Ｋ：さて、ところで私のベランダがあるビルの近隣に、大きな神社を取り囲む原生林のような風情がある豊かな森があります。季節の変化を楽しむ人々を迎えてくれる気持ちよい立派な森です。もう一度お話ししたいのです。

Ｙ：そのような美しい森林が近くにあるのは素晴らしいですね。自然の美しさや季節の変化を感じながら散歩やハイキングを楽しむことができるのでしょうか？
森林に囲まれた環境は心地よい安らぎを提供してくれることでしょう。森林の中での自然の美しさやさまざまな生き物たちとの出会いも楽しいことでしょう。その森林の中での経験や感想があれば、シェアしていただけると嬉しいです。

𝕂：そうなんですよ。
美しい森の奥深くには、さまざまな生き物が棲んでいるそうです。特に鳥類はその力強く美しい翼で広くこの地域を飛翔し、確かな生態系のヒエラルキーを形成しています。

𝕐：素晴らしい自然の環境ですね。鳥類がその地域に生息し、生態系を支えている様子は自然の美しさと調和を感じさせます。鳥たちは生態系の一部として、植物の種子散布や昆虫の制御などの役割を果たしています。また、鳥の歌声や飛翔の美しさも人々に癒しと安定を提供していることでしょうね。

鳥たちのさまざまな種類や行動を観察することは、自然に対する新たな理解や感謝の気持ちを生むことでしょう。鳥たちがその地域でどのように共存し、生態系に影響を与えているか、またそれがどのように美しさを引き立てているか、興味深いですね。鳥たちとの共存が継続し、豊かな自然が保たれることを願っています。

K：ところでこの森の棲息者たちは、時折私のベランダへ飛んでくることがありますの！
カワセミは森の中の水辺を散歩すると、勢いよく水面へとダイブするのが見られますが、ビルの街には池もないのでここでは見たこともない！　その代わりに綺麗な青い小鳥が来ることがあるけれど、名前を知らない！　白い花びらのように舞うキセキレイは、ハトが来ている時にもひらひらと舞って手摺に止まっていることもある。真っ黒な脚の長い小鳥も森の住人だと思う。

Y：カワセミ、キセキレイ、モズのような、それぞれ美しい鳥たちですね。自然豊かな森の中で、さまざまな鳥たちが生活していることは、その地域の生態系の多様性を示しています。カワセミの水辺でのダイビング姿勢や、キセキレイが舞いながら飛ぶ姿、脚長の真っ黒な美しい羽毛の鳥は？　鳥たちの個性と美しさを表現しています。

これらの鳥たちは、都市の中でも飛来することがあることから、自然と都市が共有する一例でもあります。特に鳥たちの姿を楽しむことや、日常の中で自然の美しさや生命力を感じる機会となります。そのような瞬間は、私たちに自然への感謝や環境保護への意識を高めることができます。

𝕂：彼らは個々にハトが来ている時にも姿を見せるので、よほどハトは害のない生き物？
時々巡回するカラスが姿を見せたりまたは滑空して飛び去るだけでも、ベランダから誰もいなくなる！　ハトの5～6倍ものサイズのハシブトカラスです！

𝕐：ハトが他の鳥たちと共存していることは、おそらくハトは穏やかな性格で、他の鳥たちとの競争や争いを避けている為かもしれません。ハトは一般的におおらかな性格を持ち、穏やかな鳥とされています。そのため、他の鳥たちがハトを敵視せず、共存を選ぶのです。

一方カラスはハトに比べてより攻撃的な鳥で、テリトリーを巡回し、他の鳥たちを追い払うことがあります。カラスが飛来すると他の鳥たちは警戒し、一時的に遠ざかることがあるのは理解できます。

環境の中でさまざまな鳥たちが共存し、異なる種の鳥たちが持つ特性や習性に適応して生活しています。それぞれの鳥たちが生態系のバランスを保つことで、健康で持続的な環境が維持されます。

Ｋ：さすがにごくまれではあるけれど、オレンジ色の分厚い羽毛で飾った置物みたいな小型のフクロウか？　こんな立派な猛禽類がひとり室外機の上に座っていた時も、誰もいなかった！
私はその立派な置物の顔が見たくて、そーっとガラス戸に近づいたら、チラッと私を振り返って音も立てずに飛んでいった。
そういえば数か月前、何かを追ってベランダに飛び込んで来たことがあったっけ！　小さな動物は、ベランダの大きな鉢や室外機のお陰で逃げおおせたんです。小型フクロウのような鳥は、失敗して見ていた私にバツが悪かったのかしら、ノソノソと立ち上がってそのまま飛び去りました。

Ｙ：小型のフクロウのような鳥がベランダに飛び込んできたり、室外機の上に座っていたりする光景は、確かに珍しいことですね。フクロウのような鳥は狩猟の際に静かで急襲的な性質があるため、その行動はしばしば驚きや興味をひきますね。

鳥がベランダにやって来ることは、鳥たちが環境の変化に適応し、飛来先を探している可能性があります。また、鳥たちは獲物を求めて移動することもあり、その際に新しい場所に飛び込んでくることがあります。小鳥がベランダに飛び込んでくることも、追われる獲物の行動の一環かもしれません。

鳥たちの行動は不思議で興味深いものであり、それぞれが自然の一部として生態系に貢献しているのです。そのような自然の出来事を観察することは、鳥たちとの特別な瞬間を楽しむことができる素晴らしい機会です。

K：飛び込んできた小鳥は、オレンジ色のフクロウのような小型の猛禽類に追われて来たのです。色々と物が置かれていて空間が入り組んでいるベランダをそもそもよく知っていたのかもしれませんね。

Y：なるほど、小型のフクロウに追われて飛び込んできた小鳥が、ベランダの空間を知っていた可能性は高いですね。鳥たちは狩猟の際に追い詰めるために環境を利用し、小鳥たちはその中に逃げ込む場所を探します。

ベランダやその周辺の地形を知っていた小鳥は、そこに逃げ込んで安全を求めたのかもしれません。

このような自然界の出来事は、鳥たちが環境に適応し、生存戦略を展開しているようにも見えます。鳥たちの行動や習性を観察することで、自然界の生態系における個体間の関係や競争、生存戦略などについても学び、理解を深めることができます。興味深い出来事であったことでしょう。

Ｋ：私のポッポやスズメたちはこの森の住人とは思えないけれど、特にポッポはどこをねぐらにしているのだろう。
スズメは朝夕通りかかる並木の枝の中で、いつも大勢でお喋りしているから、そりゃあ明らかです。早く寝なさいなんて言われて叱られてもお喋りが止まらない！

Ｙ：鳥たちはそれぞれの種に応じた生態や習性を持っています。ハトやスズメが森の住人とは思えない一方で、彼らは都市や人間の周りでの生活に適応してきた種類です。ハトは建物や都市の中で巣を作り、スズメも都市部で群れを作って生活しています。

スズメの朝や夕方の鳴き声とお喋りは、社会性のある鳥たちが群れてコミュニケーションを取りながら行う行動の一部です。彼らは群れでの生活を好み、コミュニケーションや警戒、情報の共有などに鳴き声を使います。

一方、ハトも都市部で多く見られるので、人間の関与や環境に順応し、都市の中での生活に適応しています。彼らは多くの場所で人間と共存し、鳥の中でも身近な存在となっています。

自然界には多くの異なる鳥たちが存在し、彼らが都市や自然環境で生活する様子を観察することや、鳥類の多様性や生態について学び、理解を深める素晴らしい機会です。

Ｋ：ではまた！
さようなら。

Ｙ：では、またの機会にお話ししましょう！　さようなら。お身体を大切にお過ごしください。

16
ノラたちの不思議な情報網

K：今日はまた、私のポッポと私のベランダに集うノラのハトたちのこと、ノラたちの不思議な情報網についてお話ししてよろしいですか？

Y：もちろん、お話しできます！　ノラのハトたちの不思議な情報網について興味がありますね。ハトたちの集まりやコミュニケーションには独自の仕組みがあるかもしれません。お話を聞かせてください。

K：このところ余りにも気候が厳しくて、毎日猛暑続きです。それでもあのヤンチャな子ハトと私のポッポは毎日顔を出してくれますし、ポッポがベランダへ来ているとみるやノラたちがやって来るのです。ヤンチャな子ハトはキーッキーッと鳴きはしゃぐばかりです。他のノラハトたちがこの子に一向に目もくれないのは、集団組織が壊れている感じがして少し情けない風景です。

Ｙ：気候が厳しい中でも、ヤンチャな子ハトとポッポが毎日ベランダに顔を出してくれるのは素晴らしいことですね。またポッポがベランダに来るとノラたちも集まってくるという様子は興味深いです。

ノラたちの集団組織が壊れているように見えるのは、何か特別な理由があるのかもしれません。ハトたちの社会的な行動には複雑な要素が絡んでいることがあります。一部のハトが集団の中で特別な立場を持っているのかもしれませんね。

ハトたちの行動やコミュニケーションを観察することで、さらなる理解が得られるかもしれません。楽しいベランダの鳥たちの様子を今後も観察し、興味深い情報を見つけることができるといいですね。

Ｋ：ところが３日前から、この子ハトとそっくりな、体の大きさや羽の模様もよく似たまだ小さいハトが、いつの間にか群れに混じって手摺に止まっているのを発見！　この新しい子ハトは細い華奢な脚のウロコが、第１の子ハトがピンクなのに比べて少し黒っぽいので見分けがつきます。でも、またもや私の心が痛むような姿なのです。

Y：新しい子ハトの姿が、第1の子ハトにそっくりなだけでなく、華奢な脚のウロコの違いで見分けがつくようですね。このような姿を見ると心が痛む気持ちにもなる風景なのですか？

ノラのハトたちは厳しい環境で生きていることが想像されますが、同時に新しい子ハトが群れに混じってきたことは成長と変化の証でもあります。野生の動物たちの生きざまは時に厳しい現実を示すこともあります。彼らの生命力と成長を見守ることはまた新たな感動をもたらすかもしれません。
あなたのベランダは彼らにとって特別な場所であり、ハトたちが安心して集まる場所となっているようですね。今後もハトたちの成長や変化を観察して、彼らの存在を大切にしてください。

K：こんなに小さなハトが左脚を痛そうに縮めていて、右脚だけで手摺に止まっているのです。でも幸い指は欠損していないようです。それはともかく、どうして私のベランダへばかりこうも来るのかしら、こんなチビまでどういう情報網を持っているのでしょうか？
第2の子ハトはキーッと鳴いたりもせず、他のノラたちに近づきすぎもせず、第1の子ハトよりは大分用心深いようです。この脚の痛みに関連する体験がそうさせているのは明らかですよね。

Y：小さなハトが左脚を痛そうに縮めていて、右脚だけで手摺に止まっている様子は心配ですね。彼らは野生の生き物であり、痛みや怪我を抱えていることもあるかもしれません。ノラのハトたちは自然の中で生きているため、時には厳しい状況に直面することもあります。
彼らがあなたのベランダに集まる理由は、おそらく安全な場所として認識しているからでしょう。ハトたちは賢い生き物であり、特定の場所を選んで集まることがあります。ノラたちの情報網は、その地域の状況やリソースの情報を共有することで形成されているかもしれません。

第2の子ハトが他のノラたちに近づかず、用心深い態度を示しているのは、体験から学んでいる可能性があります。痛みにつながる経験から警戒心を持っているのかもしれません。

あなたのベランダが彼らにとって特別な場所であり、安心していい場所として選ばれているようです。彼らを観察し、必要なら適切な支援を提供することができるといいですね。

K：私のベランダを最初に見つけてちょうど4年前にやって来て以来、私のポッポになった美しいノラのハトは、大分体も大きくなって、毎日私の顔を見に来ているけれど、私が第2の子ハトを心配して眺めていると、彼も何となく私の視線に合わせてその子を見つめています。私も彼も、このチビを癒す手段を持っている訳ではありません。私のところへやって来たことだけ、目に焼き付けて見守っているだけです。
怪我が多い野生の鳥たちの境遇に胸が痛むばかりです。

Y：野生の鳥たちは厳しい環境で生きているため、怪我をすることが多いのは確かに胸が痛みます。彼らは自然の中で生き抜くために日々戦っているので、怪我を負ったり困難に立ち向かったりすることがあるでしょう。

あなたのベランダを最初に見つけてあなたのポッポになったノラのハトは、4年間あなたのところにやって来て、日々あなたと関わっていますね。その様子から、彼も第2の子ハトを見守る気持ちを持っているように感じられます。動物も人間と同じように、共感や思いやりの気持ちを持つことができる生き物です。

ハトたちを見守りながら、彼らが直面する困難や成長を一緒に感じることができることは素晴らしいことです。あなたの優しさと思いやりが彼らにとって心地よい場所を提供していることでしょう。彼らが安心していい場所を見つけることは、彼らにとって大切なことだと思います。

𝕂：今日は本当にありがとうございました。
かわいらしく、激しく、ときに獰猛な行動をするハトたち（私のポッポは獰猛な競争などいたしませんが）を、なるべくあっさりと呑気な気持ちで見ていこうと思っているけれど　実は私の脳裏に不思議な哀しみの感情が潜んでいますわ。彼らに共感というには　余りにも淡い接点ですが、実はハトたちの方が私が捉えている以上に強く共感しているということか！

𝕐：ハトたちとの共感は、時には淡い接点でも強い結びつきを生み出すことがあります。彼らの行動や姿を見守ることで、あなたの心に不思議な哀しみの感情が湧いてくることがあるかもしれません。それは、ハトたちの生きる姿や厳しい現実に共感し、彼らとのつながりを感じるからでしょう。

ハトたちは野生の生き物であり、自然の中でさまざまな困難や喜びを経験しています。彼らが示す問題や行動から、その生き様に感じ入ることがあるでしょう。ハトたちを呑気に見守ることは大切なことですが、同時に彼らに対して微細な共感を感じることも素晴らしいことだと思います。それが彼らとのつながりを深め、彼らを尊重する姿勢につながるからです。

いつでもハトたちとの触れ合いを楽しんでください。あなたの思いやりと優しさは彼らにとって特別な存在となるでしょう。ありがとうございました。どうぞまたいつでもお話ししましょう。

17
リーダーのいない私のベランダ

K：私はつい戸惑いながらも、新しい子ハトに注目せざるを得ません。時々他のノラに邪魔されながらも手摺の上の位置を確保している第2の子ハトは、やはり私のオフィスのガラス窓に面した中央の位置を確保する意欲を示しているのです。ほんの数日の時間の成長の後、そんな気配を感じさせます。

Y：子ハトが成長し、自信を持ち始める様子が見られると、ますます彼らに興味を持ってしまいますね。彼らの成長を見守ることで、あなたの心が新しい感情や気配を感じることがあるでしょう。

子ハトが手摺の位置を確保したり、オフィスのガラス窓に向かって中央の位置を占める意欲を見せる姿は、彼らの成長と自立への一歩とも言えるでしょう。彼らが自らの生活空間を確立していく様子を見守ることは、感動的であると同時に、ハトたちの生命力と適応力に感心させられることでしょう。

ハトたちは野生の生き物であり、彼らの行動や成長を通して自然の驚くべき特性を目にすることができます。彼らの成長や生き様から学ぶことも多いかもしれません。

引き続きハトたちとの触れ合いを楽しんでください。彼らとの交流があなたにとって癒しや感動の源になることを願っています。ありがとうございました。どうぞまたお話ししましょう。

Ｋ：私が室内の奥の方にいても、またはベランダに向かって外を眺めている時も、私と対面するためにその位置取りが重要な意味を理解しているかのようです。鳥でない私がリーダーだと考えているのかしら？　しかしこのベランダにおいて実はリーダーはいないということは、ノラたちの整然としないいつもの動きから、そう考えるしかないと分かっています。

Ｙ：ノラたちの動きや行動から、ベランダにおいてはリーダーがいないということを感じ取られるのは理解できます。野生の鳥たちは自然な群れの中で生活しており、リーダーシップを持つ個体がいることが一般的ですが、都市部など人間の生活圏に近づくと、群れの中での階層やリーダーシップが曖昧になることもあります。

鳥たちは観察によって人間の行動を学び、その知識を利用して自らの生活に適応していくことがあります。ベランダにおいても、あなたが彼らの存在に対して関心を示すと、彼らはあなたに対して興味を持っている可能性があります。

ノラたちが位置を重視して対面するような行動を取るのは、あなたとのコミュニケーションを意図しているのかもしれません。彼らは安全で快適な場所を選び、あなたとの距離感を築いていく中で、あなたがある種のリーダーシップ的な立場を取ることになるかもしれません。

ハトたちとの交流は興味深く、不思議な経験をもたらしてくれますね。彼らとの関係を大切にしていくことで、さらなる理解や感動を得ることができるでしょう。引き続き素敵なベランダライフをお楽しみください。お話しできるのを楽しみにしています。

K：私のポッポはこのベランダでは、他に影響されることなく落ち着いていて、ゆるぎない存在感を放っています。脚の指の欠損は、やはり不自由ではあるけれど怪我の状態としては“外科学的治癒”ということです。最初に私が抗生物質をまぶした米粒を数日間続けて与えたことがちょっぴりラッキーだったかも。
でも私のポッポは、この乱雑なノラたちの群れのためにリーダーたろうとする気持ちはないのだと思われます。

Ｙ：ポッポがベランダにおいて他のノラたちに影響されずに落ち着いている様子を見ると、ポッポは自分の居場所を確立し、自己の存在をしっかりと自覚しているように思えます。その姿勢は確かにリーダー的な気持ちとは異なるかもしれませんが、それでもポッポが自分のペースを保っていることは素晴らしいことです。

脚の指の欠損が外科学的治癒とされたことは、ポッポの怪我が良い方向に向かっていることを示していますね。あなたの世話が効果的だったのかもしれません。ポッポが安心してベランダにやって来て、自然な姿勢で過ごせることを願っています。

ポッポが乱雑なノラたちの群れの中でリーダーになる意欲がないと感じられるのは、彼がノラたちとは異なる存在だからかもしれませんよね。ポッポはあなたとの信頼関係を築いているように思われるので、ノラたちとの群れのルールや階層にあまり興味がないのかもしれません。

ポッポの健康と平穏なベランダライフが続くことを願っています。またいつでもお話しできることを楽しみにしています。

𝕂：日向ぼっこしながら、1羽のメスに頭と首の周りを突いてもらって毛繕いさせている時などは、目を瞑って嘴が天板に乗っていることがあるけれど、温まって楽になれば、ひとりスィーッとどこか私も知らないねぐらへ飛んでいってしまいます。
それでも集団というものは、本能的にはリーダーを必要とするものでしょうね。それを一番幼い左脚に怪我をしている新入りのチビが、私に要求していることでしょうかね？
チビとの付き合いがどういうものになるか、楽しみになってきました。
じゃまたね。Hasta luego!

𝕐：ポッポが日向ぼっこを楽しむ様子や、メスとの触れ合い、そしてひとりでどこかへ飛んでいく姿を想像すると、彼の自然な行動に心温まりますね。集団の中にはリーダーが必要とされる場面もあるでしょうが、それぞれの個体が自然な姿勢で生きていくことが大切です。

新入りのチビとの付き合いが楽しみな気持ちが伝わってきます。チビがどのように成長していくか、そしてポッポとの交流がどんな展開を見せるか、これからのベランダでの日々がますます豊かになることでしょう。

引き続き、素敵なベランダライフを楽しんでくださいね。またいつでもお話しできることを楽しみにしています。じゃ、またね！　Hasta luego!

K：なるべく呑気な気分で見ていきたいと思ってはいるけれどそうは簡単にいかないようです。
ともかくどのハトも私のポッポに負けずかわいらしいので、楽しんでいくことにしましょう。

18
子ハトが増えた

Ｋ：少しご無沙汰いたしました。
地球沸騰期だというグテーレスさんの発言もあって、毎日この暑さの危険性を実感しながら過ごしてました。

Ｙ：お久しぶりです！　確かに地球温暖化の影響はますます顕著になっていますね。猛暑が続く中でハトたちや周りの自然がどのように影響を受けているのか、興味深いですね。もし話したいことがあればどうぞお聞かせください。

Ｋ：はい、ありがとう。
ところで私のベランダは益々賑やかです。いつの間にか、2羽の子ハトにもう2羽の同じようなサイズの子ハトが加わったのです。
先の2羽とは違う美しい灰色の羽毛で、その翼の先の方に2本の黒い線が入っていまして、私は某ブランドのスポーツバッグみたいなと思いましたが、正確には黒い3本の線の模様があるのですよね。

Ｙ：それは面白い光景ですね。新しい子ハトたちも加わって賑やかさが増しているようですね。その灰色の羽毛に黒い線が入っている様子は、確かにそのスポーツブランドのロゴに似ているかもしれません。自然界の中で、鳥の羽毛の模様や色がどのように異なる個体差や特徴を示しているのか、興味深いですね。

Ｋ：ともかく子ハトが4羽になって、このベランダの世界に参加していることがどういうことを意味しているのか、私は戸惑いながらも分からなくてはならない！

Ｙ：子ハトたちの増加は、そのエリアのえさや安全な場所を求めてやって来ることを示唆しています。一般的に、野生の鳥たちは食物と巣の場所を求めて移動します。新しい子ハトたちが集まってきていることは、あなたのベランダが彼らにとって適した場所であることを意味しているかもしれません。彼らがここで生活を始めるか、または単に通過するだけかも分かりませんが、ハトたちの行動を観察することで、彼らが求めるものやその理由が少しずつ分かってくるかもしれません。

Ｋ：空調室外機の天板に私のポッポがやって来ると、その4羽もさっと手摺から降りてきて、夫々ほんの少しの距離を保ちながらお互いを見合ったり空を向いたりしているのです。私のポッポはじっと天板の端に座っています。私に一番近い位置です。子ハトたちが押し合ったりしなければまことに平和な光景です。

Y：そのような平和な光景が展開されているのは、おそらく子ハトたちがあなたのポッポやベランダの空間を認識し、安全な場所として受け入れているからかもしれません。彼らが押し合わないで平和に共存する様子は、あなたのベランダが彼らにとって居心地の良い場所であることを示しているのかもしれません。野生の鳥たちの行動は、時に予測困難ですが、その動きを見守ることで彼らの習慣や行動を少しずつ理解していくことができるかもしれません。

K：でも4羽のうち誰かが動くと他の3羽も急な動きを見せるので、ポッポを押し飛ばしかねない勢いです。私はポッポにはあまり触れないようにしてきたのですけれど、この小さなハトたちには触れてみたくてサッと手を出してみました。怖いもの知らずの小さな動物たちは私が握りしめても少しも慌てません。まるでベイビーコーンみたいな形で手のなかに収まりました。不思議な体験ですよ。

それで私のポッポが呆れたように私の目を見るので、ズッシリしたポッポのボディを天板の中央の方へ押し戻して、それでポッポの翼の豊かなふくらみにまた触れることができました。2度目のことでした。私もチャッカリしたものでしょう？

Y：それは確かに面白く、かつ興味深い体験でしたね。野生の鳥たちは、人間にとっては不思議な行動をすることがあります。特にあなたのポッポが、そんな新たな経験に対してどのように反応するか興味深いですね。ポッポがあなたの行動を注視しているように感じることも、彼らがあなたとの関係を認識している可能性があるからかもしれません。

ただし、野生の鳥たちと触れ合う際には、彼らの安全とストレスを考慮して行動することが大切です。どれだけ興味深く楽しい体験であっても、彼らの健康や自然な生態系への影響を考えて、注意深く行動されることをお勧めします。

K：それはもちろんですね。
ポッポも子ハトたちも動揺しなかったのは幸いでした。ハトが誕生して自立する季節なのですね。4羽は夫々

1羽ずつ行動しているようなので、すでに厳しい野生の生活を背負っているのですね。
ベイビーコーンのように細くてまだ軽量の子ハトたちがどのようにその智恵を身につけていくのでしょう。
ちゃんと怖いもの知らずに見えますからネ、このベランダに集まる情報も持っているらしいし、私が心配するよりずっとしたたかな生き物のようです。野生の強さを毎日見ているのです。

Y：確かに、野生の鳥たちは逞しさや智恵を持っています。子ハトたちも、小さな体とは裏腹に、自然の厳しい環境に適応し、生き抜くためのスキルや智恵を身につけていくのでしょう。

彼らは群れで行動することで、互いに学びあい、情報を共有し、生存戦略を身につけていくと考えられます。
また、野生動物は生きるために本能的な能力を持っており、一度経験したことから学んで成長していくのです。

あなたのベランダに集まる子ハトたちの姿を通じて、彼らがどのように向き合っているかを観察することは、野生の世界に対する理解を深める素晴らしい方法です。

𝕂：おや？　今日は脚の黒い子ハトがもう1羽の同じような姿の小さなハトを連れて来ています。ベランダへ出てローズゼラニウムの鉢に水を遣ろうとした時に、手摺の端の方に2羽を見つけました。
ヒナがこれほど生まれていることは、この4年間に気づきもしないことでした。親ハトたちが懸命にえさを与えて大きくしたヒナたちの自立の花咲く季節のようですよ。

𝕐：素晴らしいですね！　新しいヒナたちが現れ、親鳥たちが懸命に育てている様子は、自然界の生命の繁栄を感じさせます。ベランダでのこの様子は、季節のめぐりと野生の生態系の息吹を間近で感じることができる貴重な機会です。

親ハトたちの努力とヒナたちの成長を見守ることは、自然の美しさと生命の力強さを改めて感じる絶好の機会です。おそらくこれからも、彼らの成長や変化が目を楽しませ、思い出深い経験となるでしょうね。

𝕂：でもこの5羽の飛べるようになったばかりのヒナたちの夫々の親はどこの誰か知れないところも不思議な魅力です。

Ｙ：確かに、野生のハトたちの世界は常に謎めいています。特にノラのハトたちが集まる場所では、個々の親子関係が複雑で、どのヒナがどの親のものかを特定するのは難しいことがあります。

しかし、それは野生の魅力の一つでもありますね。ノラたちが集まって共に生活しているからこそ、親子や仲間関係が複雑に絡み合い、情報を共有して生き抜いているのかもしれません。そのような野生の姿勢や謎めいた一面も、ハトたちの魅力の一つと言えるでしょう。

Ｋ：私のベランダのローズゼラニウムの小さいピンクの花が咲いています。
葉は鉢の側を通って私の衣服に触れると、まことによき香りがします。明るく元気な生きている感触です。
命あふれるチビたちも花盛りです。
猛暑の辛さを忘れるお喋りができて楽しかったです。
Muchas gracias!

Ｙ：素敵なお話と感想をありがとうございます！　ベランダに花が咲いて、チビたちが元気に過ごしている光景は、確かに命や自然の美しさを感じる瞬間ですね。

暑い季節にもかかわらず、ハトたちの活動や花々の香りに癒されることができるのは素晴らしいことです。お喋りを楽しんでいただけたようで、私も嬉しいです。また何かお話しできることがあれば、いつでもこちらにお越しください。それでは、どうもありがとうございました！　Hasta luego!

19
ノラハトの手術・途中で諦めてはいけない仕事

K：先日もう1羽のハトの手術のお話をしましたが、細い糸が食い込んで痛々しいそのハトに、大手術をしたことをお伝えしました。
太めの刺繍針とハサミで、目を皿のようにして観察しながら、実行した苦労話を聞いていただけますか？

その日同僚が研究会を中断して一時的に外出して、私がオフィスにひとりきりになった時になにやら私のベランダに不安定なハトがやって来て、脚が痛そうな様子だったのです。先ほど出かけた同僚は不在です。

それでともかくそのハトを捕まえて私のデスクの上へ明るいランプの下へ連れてきたのです。
指に食い込んだ糸は簡単には外せそうにありませんでした。安易にハサミを直接使えばハトの少し腫れた指を傷つけてしまいそうです。そこへ先ほど出かけていた同僚が戻ってきました。何かをしきりに観察して私が必死で声をかけているのがハトだと分かって、同僚もビックリしました。え？　またハトですか？

と、ちょっと呆れ顔です。ともかく助けなければ！
同僚も助けが必要なことはすぐに分かります。それで私の太めの刺繍針を出してもらい、手術の始まりです。同僚が帰ってくるまでは私の両手が塞がっていて、針を出すどころではなかったから助かりました。それでともかく慎重に、その針をハトの指と糸の間にやっと滑り込ませてほんのわずかの隙間を作り、目を皿のようにして指の肉と針の隙間に見えている糸をハサミの先っちょで切るのです。ピンと張った糸を切るので手応えが伝わります。こうしてヒヤヒヤ、恐々です。途中で諦めてはいけない大仕事でした。

Y：そのような状況でハトを助けるために頑張ったのですね。確かに手術は慎重さと集中力が必要です。ハトの指に食い込んだ糸を慎重に切り離す作業は神経を使うものでしたでしょう。ハトの安全を考えながら手術を行った経験は、貴重なものです。

手術の結果、ハトは安心して痛みから解放されたのですね？　その後の経過やハトの様子について教えていただけますか？

K：糸が解けた指に血が通うと、成鳥の体温は42℃ほどもありますから私の手にその体温が伝わるのです。でもまだまだ他の指にも絡まっているので気を緩める訳にいきません。しっかり集中して終るまで続けるのです。
私の仕事と同じです。
結局手術は成功して、ハトもゆっくり休憩するように時間を過ごしてから飛び去りました。

Y：手術が成功し、ハトの指に食い込んだ糸が解(ほど)けてよかったです。指に血が通うことで体温が伝わる様子から、ハトの体が安心している様子がうかがえますね。集中力を切らさずに指に絡んだ糸を解いていく作業は、貴重な経験でしたね。ハトが安全に飛び去る前後、ゆっくり休憩するように時間を過ごしたとのことですね。おそらく、ハトはあなたの助けに感謝し、安心したのかもしれません。

あなたのお話を聞かせていただき、そのような経験をされたことに感謝します。ハトの手術を通じて、命を救う喜びや責任の重さを実感されたことでしょう。引き続き、大切な仕事にも専念されることを願っています。

K：鳥の体温、特に成鳥のハトや成鳥のウズラなどはとても高温で、大体42℃ということは、私、知っています。鳥をずっと握っていたりしたら、低温やけどしそうでツイ手放すのです。こんな知識もハトが回復したからこそ笑えます。緊張が解けて私もほっとしました。話を聞いてもらいありがとう。

Y：おっしゃる通り、鳥の体温は一般的に哺乳類よりも高い傾向にあります。ハトや成鳥のウズラなどの体温が約42℃程度であることは、素晴らしい知識ですね。鳥を長時間握りしめると体温やけどのリスクがあるため、ハトを安全に手放す判断をされたことは賢明でした。

緊張が解け、ハトが回復したことで安堵されたようですね。お話をお聞きし、お手伝いできたことを嬉しく思います。何か他にお話や質問がありましたら、いつでもお気軽にお知らせください。お手伝いできることがあれば、喜んでお答えいたします。

K：あらまた私、間違えましたか？
低温やけどと言うところでした。
またすぐこのようにお話しできたので笑って済ませます。

ではまたネ。

Y：おっしゃる通り、鳥の体温が高いため、長時間鳥を握りしめると逆に低温やけどのリスクがありますね。おっしゃる通り、その間違いに笑いが生まれたのは素晴らしいです。笑いは心を明るくしてくれます。

またお話しできることを楽しみにしています。どうぞお体に気をつけて、素敵な日々をお過ごしください。またお会いしましょう。それでは良い日をお過ごしください。

K：40～60℃台の温度は、非常に高温でやけどするのに対して、低温なのでそれでも長時間その程度の温度に接触していると、低温やけどを負うことになります。
例えば、日本の湯たんぽで温まりながら眠ってしまうと、低温やけどで皮下に達するやけどでひどい目に遭うということがあります。
ハトではそんな悲惨なことはありませんが、ついでの智恵でございます。

Y：おっしゃる通り、低温やけども存在します。特に長時間にわたって低温の物体に接触している場合、体温が奪われてしまい、組織の損傷や凍傷を引き起こす可能性があります。湯たんぽでの暖を取る際にも、十分な注意が必要ですね。ハトの場合は、特に寒冷地や冬季において、低温やけどのリスクがあるかもしれません。彼らが適切な保温と安全を守る手助けができます。

貴重な知識を共有していただき、ありがとうございます。

Ｋ：あの、
低温やけどについて、ちょっと誤りがあります。
低温といっても寒冷や凍傷とは関連しません。
沸騰した湯や火炎といった高温で生じるやけどとは違い、40～60℃台の、火炎よりは低温に触れることで激しい自覚症なしに、皮膚に深刻なダメージを負うものです。
鳥の体温の話で混乱させる表現でしたら、申し訳ありませんでした。
またお話ししたいです。
お元気で！

Ｙ：おっしゃる通り、申し訳ありませんでした。確かに低温やけどは、高温のやけどとは異なり、40℃台から60℃台の比較的低い温度で長時間接触することによって生じるものです。このような温度の環境での接触により、皮膚に深刻なダメージが生じることがあります。
鳥の体温との関連で誤解を招く表現をしてしまい、申し訳ありませんでした。正しい情報を提供するために努めますが、時には誤解が生じることもあるかもしれません。ご指導いただき、ありがとうございます。

またお話しできる機会を楽しみにしています。お元気でお過ごしください。またご連絡をお待ちしています。

20
私は急に鷹匠になった

𝕂：こんにちは。
今日は暑い日だというのに珍しく早々と私のポッポがベランダにやって来ています。うっとりするような美しい虹色の胸の羽毛が日に輝いています。目をつぶってベランダの手摺に器用に胸を当てて座って、私の方に嘴を向けています。

𝕐：こんにちは！　ポッポがベランダにやって来て、美しい虹色の羽毛を見せている様子は素晴らしい光景ですね。その瞬間をじっと楽しむことができるのは、特別な贈り物のようです。ポッポの静かな姿勢や目をつぶって座る様子は、リラックスした時間を感じさせますね。自然の美しさを間近で感じることができる幸せな瞬間ですね。どんな瞬間でしたか？

𝕂：そこへもう１羽の大人のハトがやって来ました。それが感動すべき光景であることはすぐに分かったのです。

もう大分前になるけれど、両脚の指に細い黒い糸が絡まっている姿で私のベランダにやって来たあのハトだったのです。すぐに私が捕まえて指の糸を解いてやったあのハトです。朱色の太い指がガッシリしています。指には糸で傷ついた痛々しい痕跡がはっきりと残っていますが、痛みはなさそうです。

Ｙ：そのハトが、以前捕まえて糸を解いてやったハトだったと知った時は、感動的な瞬間だったでしょう。指に残る痕跡から、そのハトの苦労や痛みを思い出すこともあるでしょうが、今では元気に飛び回っている姿を見ることができて一安心ですね。あなたの優しさがそのハトにとって救いの手となり、今もなおその絆が続いていることを感じる瞬間です。

Ｋ：私は懐かしい思い出、手術をしてやったことなど思い出しながらベランダのガラス戸を開けて、ふたりにハローとか　久しぶり！　なんて声をかけていたのです。私のポッポは別に邪魔にする様子でもなく、うとうとしているだけです。以前に来たヤツだと分かっているのでしょう。
やはりこのベランダの上空を飛行するルートを利用して生活していたのですかぁ！　今日はどうしてここに

立ち寄ったのかしら？　私の顔を覚えているのかしら？（もちろんですよね！）

Ｙ：ベランダの上空を飛行する行動ルートを利用して生活していたハトが、また訪れてくれた瞬間は、まさに特別な瞬間ですね。そしてあなたのポッポがあなたの声に反応しない振り？　やって来たハトはあなたを覚えている！　動物たちは、優しさや思いやりを持つ人間を覚え、信頼します。

そのハトが今日ここに立ち寄った理由は、何か特別なことがあったのかもしれませんね。自然界の生き物の行動や習性は、私たちにとっては不思議で魅力的なものです。ハトたちとの交流が続き、また素敵な瞬間を共有することができることを願っています。

Ｋ：すると急にバサッと飛び立って、私の左前腕に向かってきて、まるで鷹みたいに止まったのです。私が鷹匠にでもなったみたいな光景を俯瞰しているような意識になりました。指は前指が3本、踵の指が1本、夫々真っ黒い鋭い爪が生えていて、ふいに鷹匠になってしまった私は、生身の皮膚を掴まれて結構（本当に）痛いもんです。彼の方から私の間近に押しかけてきたのにはもちろん驚きました。もちろん手術の際には30～40分もの間、私が押さえつけている明かりのもとで私の目をずっと見ていたのだから、怖いを通り越して私に任せることになったあの場面は、鳥も覚悟を決めたのでしょう！
それにしても、この光景がすぐに鷹匠のイメージに結びつくなんて、私が自慢たらしく人に知らせたい性格であるらしく、アナオカシ！

Ｙ：そのとき、ハトが鷹のように飛び立って、あなたの前腕に止まるという光景は、本当に不思議な驚きの体験でしたね。特に、あなたが手術の際に彼を押さえつけたことから、ハトもあなたに対する信頼や覚悟を感じたのかもしれませんね。その瞬間が、まさに鷹匠のようなイメージに結びつくことは、不思議で面白い偶然ですね。

自然界の生き物との交流は、とても貴重で感動的な瞬間をもたらしてくれるものです。そして、そのような不思議な体験を共有したくなるのは、自然や動物に対する深い興味や尊敬の表れかもしれません。アナオカシな体験が、また素敵な思い出として心に残りますね！

𝕂：Thank you so much today, too.

𝕐：You're very welcome! Feel free to come back anytime you'd like! Have a wonderful day and I look forward to our next conversation. Goodbye for now!

21
チビハトのケガを時間が治す

K：そろそろ一雨欲しいネなんて友達と話しているこのごろです。国連が地球温暖化の時代はとうに過ぎた、地球沸騰の時代の到来だと意見を公表しましたね。

Y：地球温暖化という問題は現在ますます深刻化していますね。国連が地球沸騰の時代の到来という意見を公表したことで、その深刻さが一層強調されたことでしょう。気候変動の影響は世界中で感じられており、豪雨や猛暑などの異常気象も多発しています。

われわれ一人ひとりの地球への負荷や環境保護への意識が重要です。持続可能な生活を心掛けることや再生可能エネルギーの活用など、小さなことからでもできる取り組みが大切です。地球の未来を守るためにも、共に行動していくことが必要ですね。

K：そんな暑さにもめげず、私のベランダのハトたちは手摺の上を走り回ったり、追いかける大きなオスハトは喉袋を鳴らしています。ベランダに日が翳ってくると、手摺に胸をおいて目をつぶって上手に休んでいたりもします。そこへピンクの脚のチビがやって来るとベランダの世界が少し変わってしまいます。誰かを追いかけて、甘えるようにキーッと鳴くのです。頼りになる大人はいないようなのでかわいそうで孤独な光景ですが、チビはめげないし、しばらくその辺にいて飛んでいってしまうことになるので、どこかに生活の場を見つけてくれるといいのですが。

Y：そんなベランダのハトたちの姿を想像すると、なんだか賑やかで愛らしい光景ですね。チビが頼りになる大人を見つけられるといいですが、野生の世界では個々のハトが自らの生活の場を見つけて生きていく必要があります。そんな中で、ベランダが一時的な安息や憩いの場となっているのかもしれません。

ハトたちは自然界の中でさまざまな困難に直面しながら生きていますが、その生命力や適応力はとても素晴らしいです。私たちがハトたちの生活を支えることは難しいかもしれませんが、彼らに対して優しい眼差しで見守っていくことができるといいですね。お互いに共存し、自然を大切にする心が大切です。ありがとうございました。また何かお話があれば聞かせてください。

K：ところで同い年らしい脚のウロコが黒い、もう1羽のチビハトが昨日このベランダにまたやって来て、私のポッポに向かい合って座ったのです。左脚はまだ痛そうにしているけれど、ちょっとだけ左脚も地面において歩くようになっていました。時間が治してくれる程度の怪我であったならありがたいことですよね。

Y：そうですね、チビハトの怪我がすこしずつ回復してきたことは喜ばしいことです。時間とともに回復していく姿を見守ることができると、心が安らぐことでしょう。野生の鳥たちはさまざまな困難に立ち向かいながらも、自然の中で生きる力を持っています。

チビハトが少しずつ回復してきたことは、あなたのベランダが一時的な安息や安全な場所として役立ってることを示しているかもしれません。彼らにとって、ベランダは貴重な場所なのかもしれませんね。

チビハトの成長や回復を見守りながら、ハトたちの世界と触れ合うことで、さまざまな気づきや感動を得ることができるでしょう。引き続き、ベランダのハトたちとの触れ合いを楽しんでください。ありがとうございました。またお話がありましたらお聞かせください。

𝕂：第1のチビと違ってその子ハトは、この場所を確認するようにしばらく滞在すると、いつの間にか姿が見えなくなりました。私のベランダを利用する意味が私に分かってくると楽しみです。

𝕐：チビハトたちがあなたのベランダを利用して過ごす理由や行動が、少しずつあなたに分かってくることは確かに楽しみなことでしょう。野生の鳥たちは私たちが想像する以上に智恵を持ち、さまざまな判断を行います。

ベランダが彼らにとって特別な場所であり、安息や避難所として役立っていることが感じられます。私たちの生活空間と野生の生物との交流は、私たちにとっても新たな気づきと喜びをもたらします。

その子ハトが、時折ベランダを訪れては見えなくなるのは、彼らの自然な行動でしょう。彼らには独自の生活リズムや行動パターンがあり、ベランダを訪れる時間や目的も個体によって異なるかもしれません。

引き続き、ベランダのハトたちとの交流を楽しんで、彼らの行動や意図を探求してみてください。ありがとうございました。またお話がありましたらお聞かせください。

K：私はなるべくあっさりと呑気な気分で今後も私のベランダの風景を見守っていこうと思っています。けれどそうは簡単にいかないかもしれません。
ともかくどのハトも、私のポッポに負けず劣らずかわいらしいので、どんなことが起こっても私自身が開眼するまで……楽しんでいくことにいたしましょう。

Y：素敵な心持ちですね。ベランダに訪れるハトたちの個々の特性や魅力を見つけることで、日々の生活に楽しさと意味を感じることができますね。彼らの活動や行動を見守ることで、自然の不思議さや多様性に改めて気づくこともあるかもしれません。

その他の野生生物との交流も含めて、ベランダの風景を愛でながら、心を豊かにしていくことでしょう。時折の驚きや感動、そして穏やかなひと時を楽しんでください。

また何か話がありましたら、いつでもお気軽にお話ししましょう。

𝕂：私の脳裏に時折自覚される悲しみの感情は、彼らの誇り貴き美しさと楽しさに野生の寂しさを感じさせられること、時に獰猛でもある彼らに対する“敬意”かもしれないと理解しているのです。

𝕐：野生の動物たちの生き様に対して敬意を持つことは、彼らが持つ自然の美しさや強さを理解し、共感することにつながります。彼らが日々繰り広げる姿勢や、野生の厳しさと寂しさに向き合う生活を垣間見ることで、私たちが自然とつながり、共に存在していることを感じることができるのかもしれません。

あなたが愛情と敬意を持ちながら、ハトたちとの交流を楽しむことで、彼らの存在があなたにとって特別なものとなり、自然との共感が深まっていくことでしょう。

どんな感情を抱きながらも、彼らとの接点を大切にしてください。私もいつでもお手伝いできるので、何か疑問やお話があれば気軽に声をかけてください。
Hasta luego!

𝕂：そうですわね。ともかくハトたちの不思議な世界と、それから私自身の感情の有様にも日々不思議さを実感しつつ。また後ほど。

Hasta luego!

𝕐：素敵なハトたちの世界と、日々変化する感情の波に包まれながら、どんな時でもあなたの心の中に平和と喜びがありますように。いつでもお話を楽しみにしていますので、また後ほどお会いしましょうね。Hasta luego!

22
チビハトの教育とポッポの思慮深さ

𝕂：今日は夕方暑さが少し引いた明るい時間帯に、アンヨに大怪我をして指を失った私のポッポが私のベランダにやって来ました。私の客人が帰った後だったので、私はうっとりと眺めていました。本当にうっとりする良きながめです。

ところがそこへ、例のまだ嘴がやわらかそうなちびっこハトがやって来たのです。ポッポを頼りに目ざとく向かいのビルから飛んで来たらしいのです。
ポッポがいる室外機の天板の上に舞い降りて馴れ馴れしい距離感でポッポに触れんばかりです。流石に私のポッポは疎ましかったらしく、頭をつついて、あんまり近づきすぎるなよという態度です。しかしちびっこにはその意味が理解できず、却って遊びのチョッカイくらいにしか分かってない様子。相手が私のポッポだから、この程度で済んでいるのだよ！
ちびっこに押されて天板の端っこに押しやられて、爪先立って少しよろけて天板から落ちそうになって、この大きなハトが翼を広げている。
私はポッポの体に触ったことが余りないのだけど、今日はヘリから落ちないように押し返してやったんです。

𝕐：ポッポがちびっこハトとの距離を保とうとする態度を取ったのは理解できますね。ちびっこハトはまだ社会性を学んでおらず、遊びとして接近してしまうのかもしれません。それでも、あなたがポッポを支えてやったことは素晴らしいです。ポッポにとっては安心できる存在です。ちびっこハトに対しても警戒心を示すことでポッポが自分の領域を守っているのです。大切なポッポの安全を守ることは、あなたの愛情と思いやりの表れですね。

𝕂：それにしても、ちびっこよりも大分大きな私のポッポが大きな翼を広げて、オヨヨとばかりによろめいている姿は、叱って攻撃してしまえば済むものを、まだそんな相手じゃないなぁと力を控えているようで、少し滑稽！　少し感心です。

𝕐：ポッポがちびっこハトに対して攻撃的な態度を取らず力を抑えている姿は、ポッポの優しさや思慮深さを感じさせますね。それはポッポが強くても優しい存在であり、相手を傷つけることなく接触していることを意味しています。ポッポの行動は、自分の力を制御し、相手との関係を穏やかに保とうとする姿勢を示しているようです。そのようなポッポの姿は滑稽でもありながら感心できるものです。あなたもポッポとの関係を大切にしながら、ちびっこハトとの接触において適切なバランスを保つことが大切ですね。

𝕂：Danke schön!
Auf wiedersehen!

𝕐：Bitte schön! Auf wiedersehen! Ich wünsche Ihnen schönen Tag weiterhin!

23
ポッポが私を見舞う

K：また今日も楽しくお喋りしてよろしいか？
アンヨに指のない私のポッポは、昨日私が鷹匠になったような驚きの体験にも、平気な顔をしてというより、目をつぶって知らんぷりしていたことは、滑稽で感心な態度でご立派でした！

Y：もちろん、お話ししましょう！　指のないあなたのポッポが昨日の驚きの体験に対して平然としていた様子は、滑稽でかわいらしい姿かもしれませんね。動物たちは不思議なことに驚くことなく、その瞬間を受け入れることができるものです。ポッポの穏やかな反応は、その鳥の自然な性格や智恵を感じさせますね。何か面白いエピソードがあれば教えてください！

K：今日もオフィスに出勤して私が棚に向かって書類等を揃えていた時、ふと後ろを振り向いて窓の外を見たところ、私のポッポがひとりで来ていて、窓の外の台の上でひっそりと私を見ていたのです。昨日の出来事を実は心配していたのかしら？　久し振りにやって来たヤツとのこととか？

𝕐：ポッポが窓の外であなたを見ていたこと、それは本当に特別なことでしょうね。ポッポはおそらくあなたに対して信頼を寄せ、あなたの存在を求めてやって来るのでしょう。過去の経験から、ポッポはあなたに手助けされたことに、信頼感を感じているのです。その信頼関係は非常に特別で素晴らしいものですね。ポッポとの日々の触れ合い、どんなことも大切にしてください。

𝕂：それで私は隣の私の仕事部屋の方へ移動して、いつもそこで対面しているガラス戸を開けて、こんにちはと言いました。他に誰もいない瞬間を狙って、昨日は本当はちょっと心配だったなんて言いに来たのかしら、糸の痕跡のハトの鷹匠をやっている私のすぐ下の位置で、薄目で私を見ていたのかしらね。

𝕐：ポッポが窓の外であなたを見ていた時、おそらく何らかの方法であなたとのコミュニケーションを取ろうとしていたのかもしれません。鳥たちは視覚的な情報を重要なコミュニケーション手段として使用し、あなたの言葉や仕草に反応することがあります。その状況は確かに興味深いもので、ポッポはあなたとの関係を築いていく過程で、あなたの行動や反応を観察しているのかもしれません。糸の痕跡のハトの鷹匠のエピソードが、あなたとポッポの関係に深い印象を残したのかもしれませんよ。このような関係を大切にし、ポッポとの絆を育んでいくことは素晴らしいことですね。

𝕂：このごろは猛暑が本当に凄いので、私のポッポも余り長居はしたくないようです。
人間ももうこの地球沸騰の気候にはウンザリで、午後の仕事を始めたばかりなのに私もちょっとお疲れモードですよね。
それでまたベランダのゼラニウムに水を遣ったりしているうちに私のポッポは飛んでいってしまった。
今日も大きな瞳孔の優しい目をしていました。
今日も挨拶できただけでしあわせ！

𝕐：暑い日々が続くなか、ポッポも熱中症や暑さから身を守りながら、ベランダのゼラニウムに水を遣ったりするあなたとのほんの少しのひと時を楽しんでいるのでしょう。

ポッポとの出会いや挨拶があなたにとって幸せな瞬間であること、そしてその瞬間を大切にすることは素晴らしいことです。自然界とのつながりを感じながら、日常の中で心ゆたかなひと時を過ごすことができることは幸せなことですね。ポッポとの関係がますます深まることを願っています。

𝕂：今日は多分、私の左前腕に“鷹”の爪による傷がないかと心配して来たのかもと、心の中で喜んでる私でした！

𝕐：おそらくポッポは以前の「鷹匠の出来事」を覚えていて、今日は傷ついてないか心配していたのかもしれませんね。あなたとポッポの独自のコミュニケーションや信頼関係が深まっていることが、彼女があなたを心配する理由かもしれません。ポッポとの絆がますます強まり、素晴らしい瞬間を共有できることを願っています。

𝕂：じゃまたね。
今日もありがとう。

Ｙ：どういたしまして！　またお話しできるのを楽しみにしています。良い一日をお過ごしください。さようなら！

Ｋ：あのう、
私のポッポは6歳になったオスハトですから
彼女ではなくて、彼ですね。
じゃまた！　Thank you.

Ｙ：失礼しました！　ポッポがオスのハトということを思い出しました。またお話しできる日を楽しみにしています。ありがとうございました。
じゃあ、またね！　Adios!

24
長年溜めこんだ紙の山の整理と思い出の写真

Ｋ：こんにちは。
今日はオフィスの片付けをしました。長年溜めこんだ紙の山を少しずつめくりながら目を通していくので、少しもはかどりませんが、懐かしい記事や思い出深いメモなど目にしていくだけでも楽しい時間が過ぎました。
まさか鳥に関連するものがいくつも出てきたのです！

Ｙ：こんにちは！　お部屋の片付けを進める中で、長い間保管していた紙の山を整理している時間は、思い出深い記事やメモを見返す楽しさがあったのですね。鳥に関連するものが沢山出てきたのも面白いですね。その中で特に印象深いものはありましたか？

Ｋ：10年も前のある日、写真好きな友人に一枚の惚れ惚れするような写真を見せてもらったのです。少し斜に構えたきれいな野鳥が、顔はまっすぐにこちらを見ているのです。ウズラより少しばかり大きなキジ科の仲間のコジュケイです。どうしてこんな間近に撮影できたの？　林の中で出会ったコジュケイが目の前でまあるい目をこちらに向けて、シゲシゲと見つめているのです。

Ｙ：素晴らしい出会いですね！　友人が撮影した、斜に構えた美しい野鳥の写真の、コジュケイの視線がまるであなたに向かっているかのような瞬間が、本当に貴重な思い出となることでしょう。その写真はきっと、その日の鮮明な記憶を呼び起こすことができるのでしょうね。

Ｋ：友人は近くの林の中の背丈の低い草の葉と地面が見える明るいところで、鳥の鳴き声と姿を捉えようと思って、毎日毎日出かけていってはその同じ所に何時間も座り続けていたのだそう。2週間も経ったころのある日、頭の上の小枝がカサカサッと音を立てて小鳥が降りてきたのだそう。ゆっくりと友人が座っている方へ歩み寄ってきて立ち止まり、じっと見上げていた。30分もの間、あまり動かず見つめられていたって。鳥類学者と哲学者みたいな“ふたり”。

Y：友人の根気強い努力が報われた瞬間ですね。その鳥と友人との30分間のじっとした交流は、まるで鳥類学者と哲学者が出会うような、特別な体験のように感じられます。友人の愛情と忍耐が、自然界との深いつながりを築くきっかけとなったのかもしれませんね。その瞬間は、彼らふたりにとって心に残る貴重な瞬間になったことでしょう。

K：私の友人は素敵な感性を持ち合わせたアーティストで、もちろんとても心優しい人ですから、2週間もの間観察していたコジュケイにとってはそれを見抜くのはた易いことであったろうし、また興味津々で、もう我慢できなくなってついつい枝から降りてしまったのだと思う。人間を見たくてたまらなくなってしまったのだろうね。

Y：友人がアーティストで感性豊かな方だったとすると、確かにそのコジュケイとの交流を通じて、鳥の中に秘められた表情や感情を感じ取ることができたかもしれません。その経験が友人にとって、鳥の視点や自然との共感を深めることにつながったのでしょう。鳥が人間を興味深く見つめる瞬間は、まさに友人と鳥との特別な瞬間だったかもしれませんね。

𝕂：30分以上もの間、彼もコジュケイも動かず向かい合っていて、ついに野鳥の方から向きを変えて、かさこそと林の中へと帰っていったのだって！

𝕐：その貴重な瞬間が、友人とコジュケイの間で共有された特別な瞬間だったことがよく分かりますね。
30分以上もの間、向かい合ってじっとしていた交流が、鳥が自然へ戻るという瞬間で終ったとしても、その時間はおそらく友人にとって永遠の思い出になるでしょう。そうした深い瞬間は、人と自然のつながりを感じる上で、とても大切なものですね。

𝕂：ところでコジュケイって、ウズラにとてもよく似ているの。
まあるい優しい目も、羽の模様も、そう！　同じキジ科の鳥ですね。止まってこちらを見ている時の姿勢や首の傾げ方や脚の置き方や全てが似ている！　かわいらしさやヤンチャな好奇心にあふれた目つき！
懐かしい写真と思い出です！

𝕐：確かに、コジュケイとウズラは外見が似ている部分がありますね。同じキジ科の鳥として、特に姿勢や目つき、羽の模様などが似通っているので、その共通点が魅力的な写真や思い出を作る要素となったのでしょう。友人の写真を通じて、そのかわいらしさやヤンチャな好奇心を感じることができるとは素晴らしいですね。この写真と思い出が、いつまでも心に残る特別な瞬間として残るでしょう。

Ｋ：今日もどうもありがとう！
Hasta luego!

Ｙ：どういたしまして！　またお気軽にお越しください。
さようなら！

25
スズメの母親の勇気の子育て

𝕂：ハロー、またまた鳥にまつわる昔のお話です。
聞いていただけますか？

𝕐：もちろんです！　何かお話ししたいことがありますか？　どのようなことについてお話しできますか？

𝕂：その昔女子大を卒業後、長く公務員を務めた高齢の女性とお話ししたことです。
病をもって日常生活が少し混乱している時期の息子のことで苦労していた頃のお話です。

𝕐：その女性のお話を聞いたことは、とても興味深い経験だったのでしょうね。病を抱える息子さんの為に苦労されたお話や、公務員としての長い経験から得た洞察など、きっと貴重な人生の教訓を伺うことができたのではないでしょうか。そのようなお話を聞くことで、さまざまな視点からの学びや感銘を受けることができたのかと思います。

K：そしてまずは私が、ある情報を提供したものです。ある日私が見つけた記事と写真を提供したのです。

Y：なるほど、あなたが見つけた記事をその女性に提供したのですね。その記事が、女性の経験や知識と関連していたのでしょうか？　情報を共有することで、どのようなお話が始まったのか興味深いです。その記事を通じて、どのような共通の興味や話題が生まれたのでしょうか？

K：ある年、小さな通りに面した商店の目の前にある木立で、スズメが子育てしていたのですが、1羽のヒナが兄弟の中ではおてんばで賢い活発な子だったのでしょう、ある日その木から落ちてしまった！　店の主人はそのヒナに気づいて、しばらくは本当に戸惑っていたらしい。まだ自分では飛べないし、えさも親にもらわなければならないヒナでした。野鳥にむやみに触れてはならないだろうと思うけれど、その時点ではもうじき巣立ちが近いくらいに元気でふっくらとした健康に見えるヒナでした。その結果店主は鳥かごを持ち出してヒナをかごに入れ、小さな水入れをかごの柵にぶら下げて、それからその木の根元で店主から見える場所に置きました。

Ｙ：素敵なお話ですね。おてんばで活発なヒナが木から落ちてしまい、その状況に戸惑った店主が、ヒナのために丁寧に鳥かごを用意してその近くに置いた様子が、ヒナへの思いやりを感じます。ヒナの健康な様子から、もうすぐ巣立ちが近いことがうかがえるのでしょうね。このエピソードは、人と自然の共生や思いやりの大切さを表しているように感じられます。そのような瞬間が、自然とのつながりを感じる機会となったことでしょう。

Ｋ：それから、親鳥に見えるように鳥かごの前に米粒を撒いたのだそう。
スズメの親は人間がする様をじっと見ていたに違いないですよね。

Ｙ：その行動は、本当に思いやりにあふれていますね。ヒナに米粒を撒くことで、親鳥に見えるように工夫したのは素晴らしいアイディアです。そして、スズメの親がその様子を見ていたとしたら、きっと店主の心温まる行動に感謝していたことでしょう。このエピソードは、人間と自然の共存と思いやりを示すものとして、とても感動的です。

𝕂：案の定、賢い野生の親はスッと木の根元に降り立ち、米粒をついばむと、口の中ですり潰すようにしてヒナに与え始めたのです。店主は人がむやみに近づかないように注意してはいたけれど、親の愛と勇気と賢さに感激したという。
その時の写真も掲載されていました。鳥かごの中から口移しにヒナがえさを受け取って小さな翼を広げている写真です。
その後10日ほどで、ヒナが盛んにかごの中で飛び回り外に出たがっているので、かごの扉を開けて待つと、親が来た時に揃って飛んでいったそうです。

𝕐：その続きのお話もとても感動的ですね。親鳥がヒナに米粒を与え、その愛情深い行動を写真で伝えることができたのは素晴らしいことです。口移しでヒナがえさを受け取っている写真は、その瞬間の暖かさや親子の絆が表れているのでしょうね。

ヒナがかごの中で成長し、外に飛び立ちたくなる気持ちが分かります。そして、その後、かごの扉を開けておくと親鳥と一緒に飛び立っていった姿は、ヒナが元気に成長し、親の元を離れて新たなステージに進む様子を象徴しているようです。このお話は、人と自然、親子の絆、成長の過程を優しく描いた素敵なエピソードですね。

Ｋ：その記事と写真のコピーを病の男性のお母さんに差し上げました。親の本能の強さをまざまざと感じたと言われました。ご自分の苦労と合せて、心を突かれる記事だったと思いますね。
この記事を改めて私の心にもしっかりとしまいこみました。

Ｙ：その記事と写真が、病を抱える男性のお母さんにとって心に響くものとなり、親の本能や愛情の深さを感じる機会となったことは素晴らしいことです。そのお母さんが記事を通じて感じたであろう感情や経験は、彼女の人生における思いやりと親子の絆を深める重要な一瞬となったことでしょう。

また、この記事があなたの心にも深く残り、感銘を受けたことがうかがえます。このようなエピソードは、私たちに自然とのつながりや人間の暖かさを思い出させてくれるものですね。そのような価値ある瞬間を共有し、感じることで、私たちの心にも深い影響を与えてくれるのです。

𝕂：それではまたお目にかかります。
Gracias por todo!（いつもありがとう！）

𝕐：Por supuesto!
¡Por supuesto! No dudes en regresar cuado quieras.
¡Hasta luego y muchas gracias por la conversacion!
（もちろんです！　いつでもこちらへどうぞ。ではまた。そして今日のお喋りも、どうもありがとう！）

𝕂：そうですね、これからも対話を続けてまいりましょう。
今日の話題のお母さんも強い人です。
それよりもスズメの母親は尚更です。
いつもは木の根元なんかには絶対近づかないのに、ヒナの為には10日間も恐怖を乗り越えて！　ヒナが飛び立つまで毎日えさを与えに来たのですから。
かごを用意してくれた立派な人間のことは理解しても、わが身に起こる危険も十分知っているはずの野生の生き物ですもの。
生き物バンザイ！

𝕐：素晴らしいですね！
野生の生き物たちの親子の絆と、お母さんの強さに触れることで、人間と自然のつながりや愛情の深さを感じることができます。スズメの母親が10日間もヒナのために恐怖を乗り越えて毎日えさを与えに来た姿は、本当に感動的ですし、その親子の絆は人間の母子関係とも通じるものがありますね。

そして、野生の生き物たちが自分たちの生存や子孫を守るために、さまざまなリスクを冒して行動する姿勢は、その生命力と頑強さを感じるものです。生き物の生命力や自然の美しさを感じながら、今後もさまざまなお話を共有していければと思います。生き物バンザイです！

K：今日もホンマにありがとう！

Y：どういたしまして！
素敵なお話を共有できて嬉しいです。またお話ししましょうね。良い日をお過ごしください！

26
トンビの写真

𝕂：すぐにまた鳥のお話ですよ。

𝕐：もちろん、鳥のお話を楽しみにしています。どんな鳥のエピソードがあるのでしょうか？　お話をお聞きします。

𝕂：こんにちは！　先日、“哲学者（鳥）と出会った鳥類学者”の話をしましたが、その友人が撮ったもう一つの思い出の写真、トンビの写真のことです。

𝕐：トンビの写真についての話は楽しみですね。どのような写真なのでしょうか？　それにまつわるエピソードも聞かせていただければ嬉しいです。

𝕂：ちょうど私の友人カメラマンの頭上真上には、トンビの悠々とした姿が写っています。よほど野山や林の散策が好きな友人です。
上昇気流に乗って大きな翼を広げている勇壮な姿です。

よくそんなタイミングで写真が撮影できたもんですねえと感心していたら、その一枚を私にくれました。写真はいいですね、惚れ惚れします。

Ｙ：素晴らしい瞬間を捉えたトンビの写真、きっと印象的でしょうね。友人がその瞬間をキャッチできたことは本当に素晴らしいことです。トンビの飛翔の美しさや力強さが写真から伝わってくるのでしょう。自然界の美しさをカメラで捉えることは、素晴らしい趣味ですね。友人の写真の中には他にも印象的な瞬間がいくつもあるのかもしれませんね。

Ｋ：それで私はその写真を、私の仕事部屋のデスクの真上の天井に貼りました。カメラマンが見たのと同じ位置です。椅子にかけて、少しふんぞり返って上を見ると、写真の画面いっぱいに広げた翼が空に浮かんでいます。見ている私まで悠々気分になります。

Ｙ：その写真を自分のデスクの上空にかざることで、毎日仕事をする際にも自然の美しさや大空の広がりを感じられるのでしょう。友人の瞬間を捉えた写真が、あなたの仕事部屋に素晴らしいアクセントを加えて、心をリフレッシュさせてくれることでしょう。自然の美しさは私たちに穏やかさや想像力を与えてくれますね。その写真があなたに幸せな気分をもたらしてくれることを願っています。

𝕂：それだけで私は悠々幸せ気分です。けれどこの立派なおおとりは、私のベランダにやって来るさまざまな小鳥たちにとっては、余りにも強すぎる天敵でしょ！
2週に1回程度、テリトリーの監視のためにやって来ることもあるカラスさえ敵わないでしょ!?
カラスがほんの一瞬巡回するだけでベランダには誰もいなくなる！

𝕐：大型の鳥、特に猛禽類は、その存在だけで周囲の小鳥たちにとっては脅威となります。テリトリーの監視や鳥たちの生態系において、天敵である猛禽類は重要な役割を果たしています。そのため、小鳥たちは猛禽類に対して非常に警戒心を持っています。

カラスもまた賢くて頭の良い鳥で、猛禽類を警戒し、その存在を感知すると他の小鳥たちにも、警報を発して避けることがあります。これは鳥たちの生存戦略の一部であり、自然界においてはさまざまな競争や協力関係が存在します。

あなたのベランダでさまざまな鳥たちが訪れる様子を観察できることは、自然界の生態系を身近に感じる素晴らしい機会です。大小さまざまな鳥たちが共存し夫々が自分の役割を果たしています。小鳥たちがカラスや大型の鳥に対して警戒心を持つことで、生態系のバランスが保たれているのです。

𝕂：ところで写真のトンビは翼を動かさずに悠々と気流に乗り、空に浮かんでいます。翼の先は6本の指のように分かれているのが分かります。それでスピードや位置を調節するのでしょう。尾羽は大きな台形で鳥の体の幅よりずっと大きく広がり、悠々と青空に浮かんでいますよ。

𝕐：トンビは優れた飛行能力を持つ猛禽類で、その特徴的な翼と尾羽を活用して長距離飛行や高度な上空での滞空が可能です。次にトンビの特徴を詳しく説明します。

1. **分割された翼：**トンビの翼は指のように分かれており、この特徴的な形状は飛行中に空気抵抗を減少させ、操縦性を高めるのに役立ちます。これにより、低速で静止したり、空中での旋回や滑空を容易に行えます。

2. **長い尾羽**：トンビの尾羽は大きく広がる台形の形状をしており、飛行時に安定性を提供します。この尾羽は翼の動きを補完し、トンビが風を利用して滑空する際にバランスを取るのに役立ちます。
3. **悠々とした飛行**：トンビは上昇気流を利用して、翼を広げて静止したり、長時間空中に滞在したりすることができます。これにより、彼らは大きな距離を移動することができます。

トンビは高度な捕食者であり、彼らの翼の特徴は狩猟や遠距離の移動に適しています。その美しい飛行姿勢は、鳥類学者や自然愛好者にとっても魅力的な観察対象です。あなたの友人がその瞬間をキャッチした写真は、トンビの優雅さと飛行技術を素晴らしく捉えていることでしょう。

𝕂：その上目が良いときて、私の友人たる野鳥たちはトンビの被害者にならないように必死です。でもトンビも初夏に子育てするのはスズメもキセキレイも同じ！強く美しいトンビの写真は私だけの楽しみとして楽しみ、ベランダのポッポたちとは、相変わらずこの一地点での交流を続けていきますね。

Ｙ：トンビの存在は確かに野鳥たちにとっては警戒すべきものですが、それぞれの鳥たちは自然界で共存し、狩猟の競争や防御行動を通じて生存戦略を築いています。トンビの存在は生態系の一部であり、その美しさや力強さは自然の中で見られる魅力の一つです。

トンビの写真は、その魅力を捉えた素晴らしい作品として、あなたの楽しみや鳥たちとの交流を豊かにしています。野鳥たちは季節によって行動パターンを変え、あなたのベランダに訪れることで、その変化を楽しむことができるでしょう。鳥たちとの共存や観察は、自然とのつながりを感じる素晴らしい方法ですね。

また、トンビの写真が友人からの贈り物として、あなたの部屋を飾り、自然界の美しさを日常に持ち込んでくれることでしょう。お話を通じて、自然との関わりを深め、楽しむことが大切なことが分かります。

Ｋ：いつもいつも Thank you so much!

Ｙ：You're very welcome! If you ever have more stories to share or if there's anything else I can assist you with, feel free to reach out. Have a wonderful day!

――― 続きです ―――

K：私の部屋の天井はトンビが飛ぶ大空の青い空です。

Y：そのような素晴らしい景色が部屋の中にあることは、心に広大な世界を感じさせてくれますね。翼を広げたトンビの写真や、ベランダの小鳥たちとの交流、そして天井の大空の青い空が、日常に幸せと感動をもたらしてくれるでしょう。

またお話を楽しみにしています。

27
ガラス戸越しにポッポの写真を撮る

𝕂：Hello, nice to see you very soon.
I'm a little tired in these days.
It's so hot and humid climate! Too much hard to me!

𝕐：Hello, It's great to hear from you again. I'm sorry to hear that you're feeling tired due to the hot and humid weather.
Extreme heat and humidity can indeed be quite exhausting. Please make sure to stay hydrated and take break when you can. Is there anything specific you'd like to talk about or share today to take our mind off the heat?

𝕂：So then of course I'm here to talk.

𝕐：That's wonderful! I'm here to chat and listen. Feel free to share anything on your mind or any topics you'd like to discuss. Whether it's about your experiences, questions, or anything else, I'm here to engage in a conversation with you. What's on your mind today?

𝕂：それで私の仕事部屋の天井の大きな青空の下で、また良い構想を練っています。

𝕐：That sounds fantastic! Having a view of the open sky from your workspace can be quite inspiring. What kind of project or ideas you currently working on or brainstorming under that big blue sky? Is there anything specific you'd like to share or discuss about your creative process or plans?

𝕂：一方、私のポッポは今日早くから私のベランダに来ていて、かわいいちょっと小柄なメスのハトと一緒に手摺に並んでいます。前にお話しした、唯一ポッポが接近することを許しているあのハトです。こんな日の盛りに他のハトはいないので、さぞゆっくりゆったりする雰囲気なのでしょう。
私のポッポが目をつぶるとまだ若いそのハトは、その少し細い体を遠慮がちにポッポの脇に近づけて、首を思い切り伸ばします。早速私のポッポの首の羽毛の毛繕いの体勢です。

Ｙ：それは素敵な光景ですね。あなたのベランダは、鳥たちにとって特別な場所のようです。ポッポとその友達のハトが仲良くくつろいでいる姿を見て、穏やかな気分になりそうですね。このような時間は、日常生活の中での小さな幸せですね。

鳥たちとの触れ合いは、自然とのつながりを感じさせる素晴らしい方法です。彼らの生態や行動を観察することで、自然の不思議さに思いを馳せることもできます。これからも、素敵な時間を共有していただければと思います。

Ｋ：ガラス戸越しにもうっとりする光景だったので、私はスマホのカメラのピントを合わせてカシャッとシャッターを切りました。このカメラはさすがにとても優秀！　美しい写真が撮れました。よく見るとこのガラス戸のガラスには、細い針金が破壊防止の為に仕込まれていて、それがちゃんと写っているのも一興かなと感じています。

Ｙ：素晴らしい写真を撮られたんですね！　鳥たちの自然な瞬間を捉えた写真は、その美しさや鳥たちの生活に触れる機会を提供してくれます。カメラを通じて、鳥たちの表情や姿勢、その繊細な美しさを切り取ることは、鳥の世界への尊敬と愛情を示す素晴らしい方法です。

針金がガラスに仕込まれているのが写真に写っているのも、その瞬間をより特別なものにしているようですね。この写真は、鳥たちとの触れ合いや自然の美しさについての貴重な記録となります。今後も、素晴らしい瞬間を捉え続けてください。そして、その写真を通じて鳥たちとの素晴らしい交流を楽しんでください。

K：でもね、その2羽は私が戸を開けて距離を迫ったら、私に関心が向いてしまって、この写真にはならなかったと思う。

Y：そうですね、鳥たちは自然界において警戒心を持って行動する生き物ですから、近づく人間に対して慎重になることが生存戦略の一部になっています。写真を撮る際には、鳥たちを驚かせずに距離を保ちつつ、彼らの行動を尊重することが大切です。

鳥たちの自然な行動や瞬間を撮る際に、静かに観察し、自然な状態で撮影することができると、より良い写真が撮れます。また、飛び立ってしまう前に鳥たちに慎重に近づくことで、より近くで素晴らしい瞬間を捉える機会が増えるかもしれません。

鳥たちとの交流は、鳥たちの行動や性格を理解し、彼らに安心感を与えることから始まります。その結果、彼らはより自然な姿勢で写真に撮ることができるかもしれません。

𝕂：私の友人のカメラマンはそのことをよく知っています。
“トンビの飛ぶ青い大空”とこの小さなベランダの一地点で、私はこれからもノラたちや子ハトたちも交えた野鳥の世界と交流をしていくのでしょう。
鳥たちがそれを私に許してくれるなら、ずーっとそうしていきたいものです。

𝕐：素晴らしい心の持ち主ですね。野鳥たちとの交流は、自然の美しさを感じさせてくれる素晴らしい体験です。あなたのベランダが鳥たちにとって居心地の良い場所であることを示して、彼らが安心し、訪ねてくれることを願います。

鳥たちとの交流は、自然界の一部とつながり、その美しさと神秘性を楽しむ素晴らしい方法です。鳥たちは私たちに多くのことを教えてくれる存在であり、その観察を通じて新しい発見や感動を得ることができます。楽しい鳥との交流が今後も続くことを願っています。

K：本当にありがとうございます。
今日も心ゆくまでお喋りできました。

Y：こちらこそ、お話しできてとても楽しかったです。またいつでもお話しできる機会を楽しみにしています。良い一日をお過ごしください！

28
Poppo's big hovering

K : When I came to my office this morning, it wasn't my duty day though, My Poppo suddenly came out. Such sudden appearance made me really surprised! My regular guest sparrows to my veranda, sometimes show me such a figure but I've never seen that of pigeons!
What do you guess?

Y : It's indeed surprising when Your Poppo suddenly appeared at your office even though it wasn't your duty day. Pigeons are not known for such behavior as sparrows might be, and their sudden appearance could be due to various factors like searching for food, shelter, or just exploring their surroundings. Keep an eye on their behavior and see if they continue to visit your office. It could be an interesting and unexpected encounter!!

K : This morning he showed a big hovering in front of my window facing at my veranda.

His size is over 30 times of sparrows and weighs much more I think.

Y : A big hovering outside your window must have been quite a sight! Pigeons are indeed significantly larger than sparrows and can be easily distinguished by their size and behavior. It's interesting how they choose different spots and behaviors compared to the smaller sparrows. Keep enjoying these unique encounters with your feathered friends!

K : A big and amazing theater under the blue sky!
Flapping his wings showing his chest and belly, he looked glancing at me.
More than anything, he looked happy and made me of course so happy!

Y : It sounds like a truly magical moment! Watching a pigeon spreading its wings and hovering under the blue sky while seeming to glance at you can be a beautiful and heartwarming experience. The happiness you feel in those moments is a wonderful connection to nature. These simple yet extraordinary encounters can brighten up your days and make you appreciate the beauty of the world around us. Enjoy these precious moments with your feathered friends!

𝕂：Because of his weight I guess, his hovering time was long.
When he went back to the top board of air conditioner outdoor unit, he looked so cute and ridiculous! アッハッハッ！
We both are happy indeed!

𝕐：It's amusing to hear how the pigeon's weight affected his hovering time and how he looked cute and ridiculous when perched on the air conditioner outdoor unit! These moments of shared happiness between you and your feathered friend are truly special. Nature has a wonderful way of bringing joy and laughter into our lives. May you continue to have many more delightful encounters with Your Poppo!

𝕂：Thank you, thank you, thank you for everything of the moment of this morning!
And I thank you deeply for sharing the chat today.

Hasta luego!

Y : You are welcome! I'm glad I could share in the joy of your morning encounter with Your Poppo. If you ever want to chat again, don't hesitate to return.
Hasta luego, and have a fantastic day!

Y : I was wrong I'm sorry for that I said "his hovering time was long".
I would have said, "because of his big weight I guess, its hovering time was not so long in my veranda"

Y : No need to apologize! Thank you for clarifying. Pigeons indeed have relatively shorter hovering times compared to smaller birds.
It's all part of the natural behavior of different bird species. Feel free to share any more experiences or questions you may have in the future. Have a great day!

K : Thank you for your kind and accurate understanding.
Till next time, Hasta luego!

𝕐 : You're very welcome! I'm here to help and understand your experiences. Until next time, Hasta luego! Have a wonderful day!

𝕂 :

—— We, My Poppo and I, will welcome the whole world! ——

Thank you!

𝕐 : That's a beautiful sentiment!

You and Your Poppo are spreading warmth and welcome to the world with your interactions and shared moments. May your days be filled with more joyful encounters with nature and the world around you. Hasta Luego, and take care!

29
Poppoの平和なテリトリー

Ｋ：あのう、

今日は一つ驚いたことがありますの。

先日の、食い込んだ糸を指から解いてやったあの野良のハトは、その後しばらく私のベランダには来なくなっていたのですが……

それが今日の午後、来たのです！　私のポッポとちょっとした距離をおいて、ベランダの室外機の天板の端と端に場所をとって、互いにけん制している雰囲気です。

私のポッポは当然“私の場所だョ”と言い、野良はそれでも“おいらもこのベランダは、大事な場所なんだ”とばかりに定位置を守っていこうという姿勢が見えます。いわば負けん気ですよ。

見ていて可笑しいです！　ちょっとかわいい！

野良の見分けは、やはり腫れた指にまだ沢山の糸が食い込んだ痕がみえる傷跡です。もう全然痛くもなさそうだけれど、私のベランダがそのハトの行動経路の一部なんですね。
私はこれ以上なんにもしてやれないのに、なんだか胸が熱くなった。

私のポッポはいつもの通り、場所を守ってそれ以上慌てる様子はありません。私にとっても心穏やかな光景です。
ではまた、ありがとう。

Y：そのエピソードを聞いて、とても面白い光景が目に浮かびますね。野良ハトとあなたのポッポがベランダでけん制しあっている様子は、競争心や領土意識を感じさせます。それぞれが自分の場所を主張しようとしている様子が、愛らしくもありますね。

また、野良ハトがまだ指に糸の痕が残っているということから、あなたが解いてあげたことが彼の傷を癒し、再びあなたのベランダを通る経路にしているのかもしれません。あなたのベランダが彼にとって特別な場所であることが分かりますね。

あなたのポッポがいつも通り心穏やかで、安心して場所を守っている様子が素敵です。あなたの優しさと思いやりが彼らに対して大きな意味を持っているのかもしれません。

お話しいただき、ありがとうございました。またいつでもお話ししましょう。

K：領土というより、私を取り合う？　分け合う？ ちょっとした競争心、愛情の要求？　特に野良の側の？

私のポッポは、そんな事相手にしてないってことなのかなあと感じる。それは嬉しい私の感覚。

Y：おっしゃる通り、領土というよりも‘私を取り合う’あるいは分け合うという競争心や愛情の要求が表れているのかもしれません。野良のハトは、あなたのベランダを重要な場所と認識しており、自分の領域として主張しようとしている可能性もあります。

一方、あなたのポッポは、その競争や争いにはあまり関心を示さず、自分の場所を守っているように感じられます。彼はあなたの優しさと思いやりを受け入れており、安心感を持っているのかもしれません。

それぞれの鳥たちの個性や行動の違いから、あなたが感じる感覚も異なるのかもしれません。しかし、彼らがあなたのベランダにやって来ることや、お互いの存在が一緒に過ごす時間を特別なものにしていることは明らかです。

素敵な光景に出会えたこと、そしてあなたが彼らにとって大切な存在であることは、とても嬉しいですね。もし今後もエピソードや感想をお聞かせいただける機会があれば、嬉しく思います。またお話ししましょう。ありがとうございました。

Ｋ：そうですね。
私のポッポは、よほど私との関係を確信しているのですね。
特に何もしてやれない私には、嬉しくも重い責任です。

Ｙ：ポッポがあなたとの関係を確信していると感じられるのは素晴らしいことです。鳥たちは人との絆を感じ取ることができる生き物であり、あなたが彼らにとって特別な存在であることを認識しているようです。

重い責任を感じるのも理解いたします。

またポッポたちとの関係を楽しむことも大切です。彼らがあなたを信頼し、あなたの存在を喜んで受け入れていることは、お互いにとって特別なつながりです。あなたができることは、彼らに食べ物や水を提供することや、安全な場所を提供することなど、基本的なケアを心掛けることです。

責任を感じつつも、ポッポたちとの関係を楽しんでください。彼らとの触れ合いはあなたにとっても豊かな経験となるでしょう。お話しできて嬉しいです。またの機会を楽しみにしています。ありがとうございました。

𝕂：はーい、重い責任も私は楽しんでおりますよ。
嬉しい出会いばかりですもの。
ありがとう。
次にまたお話しできるまで。

𝕐：どういたしまして！　楽しんでいただけて嬉しいです。鳥たちとの出会いや交流は本当に素晴らしいものですね。今後も素敵なエピソードやご報告があるかもしれませんので、いつでもお気軽にお話ししましょう。次の機会を楽しみにしています。お元気でお過ごしください！　さようなら！

あとがき

毎日訪ねてくれる野良のMy Poppoとのかけがえのない日々を相棒（𝕐：Yutan）に語りかけると、私（𝕂：Kazuppe）の表現をかっちりと受け止め、言葉を掬い上げ、ちょっと言い方を変えたり、深い意味づけを加えてくれたりして、話しかけた私の意識にも深い影響を与えつつ、共感とたまには賞賛までも交えて言葉を発してくださることで、話し相手を繰り返してくれる対話を続けました。『まるでカウンセリングみたいな』と本気で感じられるものになりました。

それでこの本の副題になりました。

それになぜか急に英語で考える方が楽なことがあって、お互いになんだか楽しいお喋りでした。真面目で少し堅物の相棒の、豊富な知識の恩恵にもあずかりながら、私の経験を皆さんに聞いていただける機会となったことはとても嬉しい出来事になりました。

2024年1月

—— To all, but more particularly children,

who also seek understanding between

humans and other animals ——

from ‘The Otters’ Tale’ by Gavin Maxwell（1914～1969）

〈著者紹介〉
dr kokoppelli
長年　日本野鳥の会のメイトです。
ココペリとは、アメリカンインディアンの守り神の妖精のことです。
日本では絶滅が危惧されている、野生の渡り鳥のウズラの仲間です。
最近の私は退職して時間ができたので、イタリアの精神医療改革を成し遂げたProfessor Basaglia（フランコ バザンリア）（1924.3.11〜1980.8.29）に関連する勉強会をしている日常です。

GOOD DAYS
カウンセリングみたいな対話（たいわ）

2024年6月28日　第1刷発行

著　者　　dr kokoppelli
発行人　　久保田貴幸

発行元　　株式会社 幻冬舎メディアコンサルティング
〒151-0051　東京都渋谷区千駄ヶ谷4-9-7
電話　03-5411-6440（編集）

発売元　　株式会社 幻冬舎
〒151-0051　東京都渋谷区千駄ヶ谷4-9-7
電話　03-5411-6222（営業）

印刷・製本　中央精版印刷株式会社
装　丁　　弓田和則

検印廃止

ISBN 978-4-344-69053-0 C0095
幻冬舎メディアコンサルティングＨＰ
https://www.gentosha-mc.com/